太仓犬训练技术手册

罗勇刚　刘书明　主编

化学工业出版社
·北京·

图书在版编目（CIP）数据

太仓犬训练技术手册 / 罗勇刚，刘书明主编 .
北京 ：化学工业出版社，2025. 11. -- ISBN 978-7-122-49004-9

Ⅰ. S829. 2-62

中国国家版本馆 CIP 数据核字第 2025DA6048 号

责任编辑：邵桂林　　　　文字编辑：申　莉　药欣荣
责任校对：李雨晴　　　　装帧设计：韩　飞

出版发行：化学工业出版社
（北京市东城区青年湖南街 13 号　邮政编码 100011）
印　　装：北京科印技术咨询服务有限公司数码印刷分部
710mm×1000mm　1/16　印张 12　字数 198 千字
2025 年 11 月北京第 1 版第 1 次印刷

购书咨询：010-64518888　　　售后服务：010-64518899
网　　址：http://www.cip.com.cn
凡购买本书，如有缺损质量问题，本社销售中心负责调换。

定　　价：60.00 元

编写人员名单

主　　编　罗勇刚　刘书明

副主编　熊玉强　金　鹏　黄东明

参编人员　（按姓名笔画排序）

王立强　公安部南昌警犬基地
刘书明　公安部南昌警犬基地
牟恩剑　宜昌市公安局反恐特警支队
余传刚　公安部南昌警犬基地
罗勇刚　公安部南昌警犬基地
金　鹏　公安部南昌警犬基地
赵建松　江苏省公安厅刑警总队
战勇达　公安部南昌警犬基地
徐　新　公安部南昌警犬基地
黄东明　公安部南昌警犬基地
黄宜龙　公安部南昌警犬基地
彭梦华　公安部南昌警犬基地
熊玉强　公安部南昌警犬基地
魏荣兴　公安部南昌警犬基地

前言

我国虽是种质资源大国，但还不是种质资源强国。我国拥有丰富的犬种质资源，发掘和筛选适合的本土犬种作为警用犬种，能有效解决我国警犬种质来源过分依赖国外品种的难题，更好地适应新时代警犬技术发展需要。作为中国本土在研警用犬种的典型代表，太仓犬嗅觉灵敏、体能充沛、兴奋活泼、耐力持久、适应力强、耐高温高湿，具备良好警用素质，警用潜力巨大，特别适合南方丘陵山地作业，经过系统培育、研究和训练，必将在搜尸、搜毒、搜爆、搜捕、搜救、搜索血迹、搜索失踪人员等警犬技术使用领域中发挥独特作用，可装备全国各级公安机关刑侦、特巡警、治安等部门，用于寻找被害人尸体、围捕犯罪嫌疑人、查找物证、搜寻失踪人员等，也可装备应急救援部门、相关社会民间救援组织，用于抢险救灾，寻找失踪、遇难人员，应用需求较为广泛。

为贯彻落实王小洪部长关于对中国本土犬种警用研发工作“加快本土犬研发实训力度，尽快形成规模战斗力”的指示精神，构建我国警犬自主品种多元化模式，公安部南昌警犬基地联合江苏省公安厅、浙江省公安厅、宁夏回族自治区公安厅于 2023 年 12 月底成功申报公安部技术研究计划重点项目《中国太仓犬种质资源保护、开发及实战应用技术研究》（2023JSZ12），项目于 2024 年 1 月正式实施。

在项目实施前，公安部南昌警犬基地就针对太仓犬警用品质开展了专门研究， 2023 年初首批太仓犬在南昌基地开始投训，此后又分别于 2023 年 12 月、 2024 年 8 月、 2025 年 2 月举办研修班和专项培训班，在搜救、搜尸、搜毒、搜爆等专业领域积累了大量理论成果和实践经验，其间江苏、浙江、宁夏、福建、湖北、四川、广东等省份公安机关相继列装太仓犬，一边进行训练研究，一边投入实战使用。截至 2025 年 2 月底，全国公安机关装备的太仓犬已超过 130 只。作为项目主研牵头单位，公安部南昌警犬基地在开展训练研究的同时，还开展了品种培育、饲养管理及疾病防治方面的研究，为训练使用研究提供了强力的科学支撑。

本书针对太仓犬这一在研本土警用犬种，从其品种历史、特性、遗传分析、警用素质、能力培养等方面进行分析和阐述，内容均为编者在日常研究和训练实践中的经验总结。因编者能力水平所限，书中难免存在疏漏之处，恳请广大读者予以批评指正。

编者

2025.6

目录

第一章　太仓犬简介 1

第一节　品种来源 1

一、品种起源 1

二、分布和现状 1

三、民间用途 2

第二节　体貌特征 3

一、体型特征 3

二、毛色特征 3

三、外形特征 4

第三节　太仓犬的遗传特征 6

第二章　太仓犬的行为特点与基本素质培养 9

第一节　行为特点 9

一、适应能力强 9

二、猎取欲望高 11

三、嗅觉灵敏 12

四、活泼好动，兴奋性高 13

五、小巧灵活，运动能力强 13

六、具有一定的攻击性 14

七、等级意识明显 14

八、服从性、依恋性欠佳 15

九、领地意识、好奇心与自由反射强 16

第二节　基本素质的培养 17

一、亲和关系的培养 …… 17
二、服从性的前期培养 …… 18
三、注意力的前期培养 …… 19

第三章　太仓犬的健康保障 …… 21
第一节　饲养管理 …… 21
一、环境管理 …… 21
二、犬只管理 …… 22
三、保健管理 …… 23
第二节　营养需求与疾病防治 …… 24
一、太仓犬的营养需求 …… 25
二、太仓犬常见病的防治 …… 26

第四章　太仓犬基础能力训练 …… 30
第一节　幼犬培训 …… 30
一、幼犬训练的概念 …… 30
二、2～4 月龄幼犬训练 …… 30
三、4～6 月龄幼犬训练 …… 33
第二节　环境适应能力训练 …… 34
一、训练目的 …… 35
二、训练条件 …… 35
三、口令及主要非条件刺激 …… 35
四、训练方法 …… 35
五、常见问题与注意事项 …… 43
第三节　服从能力训练 …… 43
一、太仓犬服从能力训练概述 …… 43
二、太仓犬服从能力训练原则 …… 45
三、太仓犬服从能力训练要求 …… 46
四、太仓犬服从能力训练方法 …… 47

第四节　示警能力训练 68
一、示警能力训练概述 68
二、示警能力训练方法 68
三、常见问题及解决办法 72

第五章　太仓犬使用能力训练 76

第一节　太仓犬搜尸能力训练 76
一、目的与要求 76
二、训练条件 76
三、训练步骤和方法 78
四、常见问题及解决办法 100
第二节　太仓犬搜救能力训练 102
一、太仓犬搜救训练概述 102
二、基础能力训练 104
三、使用能力训练 106
第三节　太仓犬搜爆能力训练 113
一、目的与要求 113
二、训练条件 113
三、训练步骤和方法 114
四、常见问题及解决办法 128
第四节　太仓犬搜毒能力训练 129
一、目的与要求 129
二、训练条件 129
三、训练步骤和方法 133
四、注意事项 152
五、常见问题及解决办法 153
第五节　太仓犬血迹搜索能力训练 154
一、目的与要求 154
二、训练条件 155
三、训练步骤和方法 155

四、常见问题及解决办法 167
第六节 太仓犬追踪能力训练 168
一、目的与要求 168
二、口令、手势和主要的非条件刺激 168
三、训练条件 168
四、训练步骤和方法 169

参考文献 182

第一章

太仓犬简介

第一节　品种来源

太仓犬是继昆明犬后，我国开展规模化警用犬研发的又一本土犬种。目前公安部南昌警犬基地依托公安部技术研究计划重点项目《中国太仓犬种质资源保护、开发及实战应用技术研究》，联合相关单位对太仓犬的繁育、疾病防治、训练及使用展开了综合系统的研究。

一、品种起源

太仓犬又称太仓小猎犬、浦东小猎犬、太湖小猎犬等，中心产区位于江浙环太湖周边地区。产区地处长江中下游平原，属亚热带季风气候，雨热同期，温暖湿润。18 世纪，传教士将杰克罗素梗犬带到中国上海及周边地区，用于狩猎黄鼠狼和兔子。后为获取猎物皮毛，传教士将杰克罗素梗犬交与本地猎户打猎，开启了与当地猎犬（太仓、浦东等地的一种黄白花的本地犬，目前这种黄白花小犬基本绝迹）杂交的过程，经过两百多年的发展，逐步形成了今天的太仓猎犬，太仓本地称之为“小洋犬”。

二、分布和现状

目前太仓犬在我国江苏、上海、浙江、山西、陕西、甘肃等地均有一定数量分布。民间种群饲养量和繁殖量有一定基础，随着国家城镇化进程加快、狩猎区域缩减、当地狂犬病防控及城市养犬管理办法的实施，太仓犬数量在不断减少，太仓犬的饲养从当地农民、猎户饲养为主逐渐转变为个体训养户和散户猎友养殖。太仓犬猎取动力和搜寻能力出众，深受猎友喜爱，因受到狩猎使用功能需求影响，目前该犬杂交现象明显，因猎物不同，训养户或猎友多将太仓犬与土猎犬、比特犬、比格犬、腊肠犬等犬种杂交以选育特定功能优势的犬。在市场中已形成经典小体太仓犬、中大体太仓犬两大品种体系，两种均存在杂交情况。小体太仓犬相对更贴合传统意义上的太仓犬，中大体太仓犬多偏向猎取大型猎物，性格比小体太仓犬略沉稳。

三、民间用途

太仓犬在民间主要用于狩猎小型和大型猎物、洞猎、守护庭院和船只安全，以及作为情感陪伴和物品寻找助手。

（一）狩猎助手

小型猎物捕捉：太仓犬嗅觉灵敏、身手敏捷，善于捕捉小型猎物如野兔、黄鼠狼等。它们能够迅速追踪猎物气味，凭借敏捷的身手和出色的捕猎技巧，独立完成捕猎任务。

大型猎物围攻：在面对野猪、鹿等大型猎物时，太仓犬会发挥群体协作的优势。它们通过围追堵截的方式，将猎物逼入绝境，为猎户创造有利的射击条件，提高狩猎的成功率。

洞猎能手：太仓犬体型适中，能够灵活钻进狭窄的洞穴，追踪并捕获藏匿其中的猎物，如獾、狐等。它们依靠敏锐的听觉和嗅觉，精准定位猎物位置，然后用锋利的牙齿和强有力的咬合力将其制服。

（二）家庭守护

看家护院：太仓犬对陌生人和异常情况具有高度的警觉性，是出色的看家犬。它们忠实地守护家庭住宅和财产安全，一旦发现有入侵者靠近，会立刻吠叫，提醒主人并威慑入侵者，有效防止盗窃和破坏行为的发生。

水边警示：在船户家庭中，水鼠、家猫难以对付，太仓犬可用于捕捉体型较大的水鼠。同时，它们能够及时发现偷盗等行为的潜在威胁，并在儿童不慎落水时发出警示，保障船户家庭安全。

（三）生活伴侣

情感陪伴：太仓犬性格忠诚、友善，易与训导员建立深厚的情感纽带。它们喜欢与训导员互动，如玩耍、散步等，能够很好地缓解训导员的压力和疲劳，丰富训导员的精神生活，成为训导员生活中不可或缺的伙伴。

物品寻找：凭借出色的嗅觉和搜索能力，太仓犬还能帮助训导员寻找遗失的物品，如钥匙、首饰等。它们能够迅速定位物品的位置，并通过吠叫或用鼻子触碰等方式，向训导员传达物品的所在位置。

第二节　体貌特征

一、体型特征

太仓犬作为一种具有独特魅力的中小型猎犬，在体貌方面展现出诸多显著且精细的特征。太仓犬在体型上呈现出明显的分化，分为大体太仓犬和小体太仓犬（洞猎犬）。大体太仓犬体高约 54cm，体长约 61cm，肩高约 52cm，胸围约 72cm，胸深约 27cm，体重约 22kg。这种体型赋予了它们在狩猎和运动中较强的力量和耐力，能够适应较大范围的追捕和搜索任务。而小体太仓犬体高约 32cm，体长约 35cm，肩高约 31cm，胸围约 46cm，胸深约 16cm，体重约 9kg，相对小巧的体型使其在狭小空间内更为灵活，例如在洞穴狩猎场景中，能够迅速穿梭并驱赶猎物。从身体比例来看，无论是大体型还是小体型，太仓犬都保持着较为协调的体长与体高比例，这不仅有利于其快速奔跑，还在一定程度上体现了其作为猎犬的功能性特点。

二、毛色特征

太仓犬的毛色主要分为“黑背黄腿（又称铁包金）”（图 1-1）和“三花”（图 1-2）两种。黑背黄腿色（黑、褐两种颜色）犬体为黑色，四肢、耳面部、两腮为褐色，这种鲜明的毛色对比使其在外观上显得格外醒目，同时也具有独特的美感和辨识度。三花色（白、黑、褐三色）犬体基本上以黑白相间、白色为主，黄褐色多呈现在耳面部或腿部，肤色以白色为主，皮肤散布黑色或灰色花斑，这种毛色组合在自然环境中具有一定的隐蔽性，有利于太仓犬在狩猎过程中接近猎物而不被轻易察觉。

图 1-1 铁包金太仓犬

图 1-2 三花色太仓犬

三、外形特征

（一）被毛

太仓犬的被毛依据长短软硬程度可清晰地分为短毛太仓犬和刚毛太仓

犬（胡子猎犬）。短毛太仓犬的被毛较为平滑紧密，贴合身体轮廓，能够有效减少在灌木丛或草丛中穿梭时的阻力，同时在散热方面也具有一定优势。而刚毛太仓犬除颌部、眉毛、耳部毛较长外，背腹部毛较粗且相对较长。其颌部的长毛犹如胡须，增添了几分独特的气质；耳部的长毛在一定程度上可以保护耳部免受外界伤害；背腹部的粗长毛发则在寒冷环境或潮湿环境中起到较好的保暖和防护作用，使其能够适应较为复杂的野外环境。

（二）头部

整体头型呈现上大下小的独特形态，正位观呈上方下尖的倒置粮仓状，侧位观顶骨至鼻骨过渡明显，形似鸭头。这种头部结构不仅在外观上具有较高的辨识度，还与太仓犬的狩猎功能紧密相关。吻部较短，其中三花太仓犬吻部略尖，铁包金太仓犬吻部略方。舌头相对宽大，在散热和进食等方面都发挥着重要作用。耳部薄且呈深V（倒三角）形，成年犬注意力集中时耳尖垂于眼前位置，耳部弯曲线略高于头顶或者与头顶平齐，这种耳部构造使其具有敏锐的听觉，能够迅速捕捉到周围环境中的细微声响，在狩猎过程中及时察觉猎物的动静。眼部微陷，呈三角形，眼角线开角相对较长，目光如炬，炯炯有神，这种眼部特征不仅使其外观显得炯炯有神，更赋予了它们良好的视力，能够在不同的光线条件下准确地追踪猎物。

（三）身躯

前胸宽大，为心肺等重要器官提供了充足的空间，保证了在高强度运动中的呼吸和血液循环功能。体长略大于体高，腰细且肌肉发达匀称，这使得太仓犬在奔跑和跳跃时能够保持良好的身体平衡和灵活性，能够迅速转向和加速，适应复杂多变的狩猎地形。皮肤弹性适中且紧致，不同毛色分界明显，允许有少量小黑色斑点。这种皮肤特性不仅保证了身体的柔韧性和活动自如性，还在外观上呈现出独特的美感。

（四）四肢与尾巴

四肢修长且肌肉紧实，脚趾要紧收，这种结构使得太仓犬在跑动时能够轻盈无比，步伐稳健。前腿站姿从正面看像拱门，没有挨得太近也没有分得太开，这种独特的站姿为其提供了稳定的支撑和良好的发力基础，有助于在奔跑和跳跃过程中保持身体平衡和动力输出。尾巴细长如老鼠尾巴，兴奋时高举过背呈长刀状。对于狩猎用太仓犬而言，由于长期在山林追捕猎物，一般在幼犬时期就进行截尾处理，这有助于避免在茂密的植被中尾巴被缠住或受伤；而伴侣用太仓犬一般不做截尾处理，保留其完整的外观形态。肛门外突明显，且以肛周黄褐色毛为佳，这一特征在一定程度上也有助于识别太仓犬的品种特点。

第三节　太仓犬的遗传特征

在现代基因检测技术的强力支撑下，太仓犬的遗传稳定性研究得以深入推进。研究团队运用自研的犬 25A-STR 试剂盒，采集了包括 6 份杰克罗素梗犬、43 份小体太仓犬及 3 份大体太仓犬（均源自江苏省各县市的随机采样）的血液样本，展开精细的基因检测分型，并将结果置于自建的包含 16 个常见品种的纯种犬 DNA 数据库中进行严谨比对分析。

1. 进化树分析

在进化树分析环节，借助 DARwin6 软件成功构建系统发生树（图 1-3）。太仓犬样本（以红色标识）清晰地独立聚类，无论大体型、中体型或小体型，均紧密汇聚成一类，且与其余 16 个常见品种犬形成鲜明区分。此现象有力地表明太仓犬在漫长进化进程中，已然塑造出相对独立且稳固的遗传族群架构，具备成为新犬种的核心要件。

2. FA 因子分析

FA 因子分析结果显示（图 1-4），太仓犬样本（红色）与其他品种间呈现显著分群态势，区分度良好。尽管种内样本分布略显分散，意味着个体间相似程度相对较低，但关键的是不存在明显的亚群分化。这一状况精准反映出太仓犬虽在个体外在表现上存在一定差异，然而在整体遗传架构层面，始终维持着相对的协调一致与稳定态势，为其作为稳定品种传承发展筑牢根基。

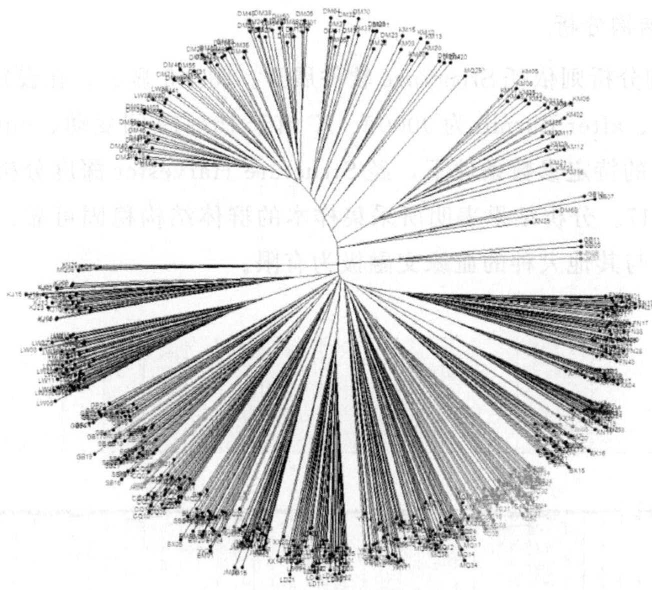

图 1-3　太仓犬进化树

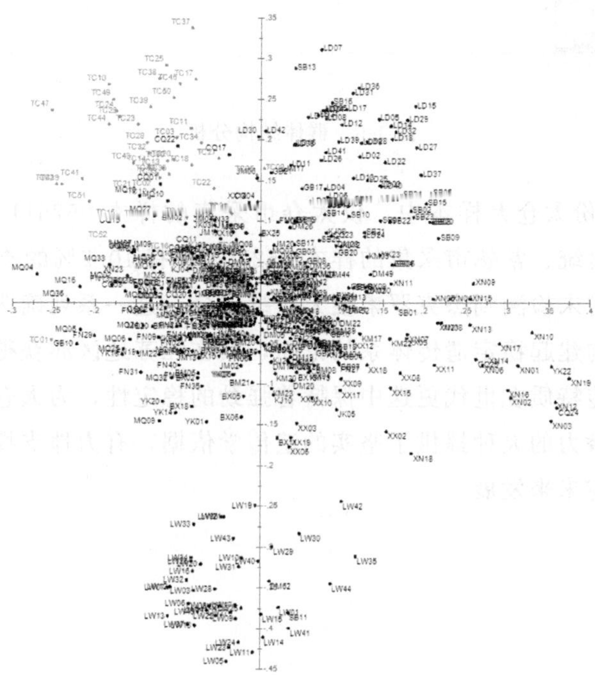

图 1-4　FA 因子分析

3. 群体结构分析

群体结构分析则依托 Structure 软件展开。图 1-5 显示，在设定 Burnin Period 为 10000、after Burnin 为 90000、K 值于 15～19 间变动、number of iterations 为 3 次的特定参数条件下，经 Structure Harvester 深度分析，精准锁定最佳 K 值为 17。分析结果表明所采集样本的群体结构稳固可靠，平均纯度高达 90.16%，与其他犬种的血缘交融极为有限。

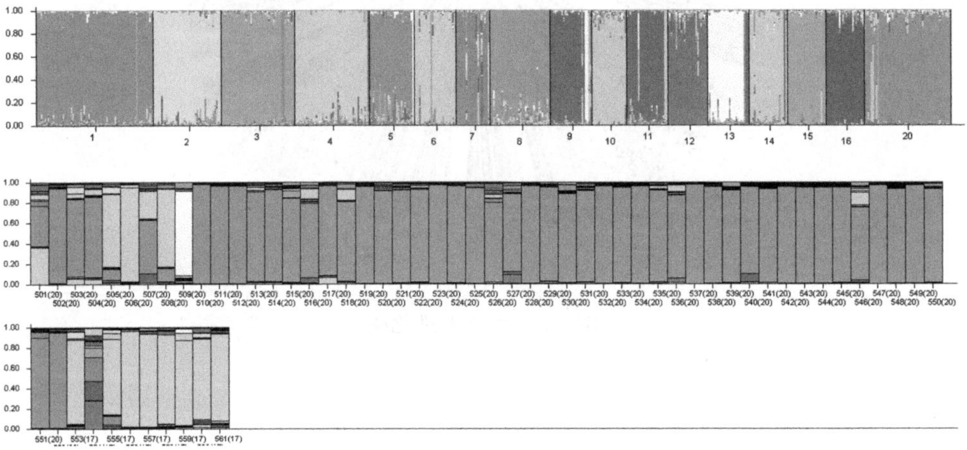

图 1-5　群体结构分析

在总计 46 份太仓犬样本中，仅太仓市采集的样本 052511 含有 12.4%的杰克罗素梗犬血统、常熟市采集的样本 052405 含有 10.2%的杰克罗素梗犬血统，其余样本均未检测到杰克罗素梗犬血统成分。这一系列确凿数据进一步夯实了太仓犬已构建起稳定遗传体系的论断，其在江苏地区亦获得了较为妥善的资源保护，遗传特质在世代更迭中保持着强劲的稳定性，为太仓犬作为独立且极具研究开发潜力的犬种提供了坚实的遗传学依据，有力地支撑着其在犬类领域的独特地位与未来发展。

第二章

太仓犬的行为特点与基本素质培养

太仓犬作为我国著名的在研本土警用犬种，因其独特的行为特性和卓越的嗅觉作业能力，给人们留下了深刻印象。在民间它们是狩猎高手，在公安机关它们是侦查破案和搜寻特定目标的得力助手。准确了解太仓犬的行为特性，对于科学繁育、饲养、训练、使用及品种研发和保护等工作具有极为重要的意义，是开展警用性能研发，尽快实现规模化实战能力的基础。

第一节　行为特点

一、适应能力强

太仓犬起源于江南地区，对温暖湿润的气候具有良好的适应性。随着其分布范围的不断扩大，逐渐展现出对不同气候条件的较强耐受能力。在夏季高温天气下，它能够通过适当的散热方式，如张开嘴巴喘气、寻找阴凉处休息等，来调节体温，避免中暑。而在冬季较为寒冷的地区，只要提供适当的庇护场所和足够的保暖措施，如恒温犬舍和厚实保暖衣物，太仓犬就能够顺利过冬。它的毛发虽然不是特别厚重，但具有一定的防水和保温性能，能够在不同的气候环境中为其身体提供基本的保护。太仓犬随着猎人的足迹走遍江南水乡，无论是潮湿闷热的梅雨季节，还是湿冷的寒冬腊月，它都能陪伴猎人野外作业，适应各种气候带来的挑战。

无论是山地、丘陵、平原还是河流湖泊等地形，太仓犬都能较好地适应。

它四肢强健有力，能够轻松地攀爬陡峭的山坡，能在山地、丘陵地区和崎岖不平的山路上行走自如，具备良好的追踪和狩猎能力。在平原地区，它可以充分发挥其奔跑迅速的优势，进行长距离的追捕。太仓犬具备一定的涉水能力，面对河流湖泊等水域环境，也能够在浅水区追捕猎物或者渡过一些不太宽阔的水域障碍，其身体的灵活性和平衡感使其在不同地形转换时能够迅速调整姿态，适应环境变化。目前，太仓犬生活的地区地形多样，有平原也有丘陵和小河流，太仓犬在这样的环境中成长，练就了适应多种地形的本领，成为当地猎人在不同狩猎场景中的得力助手（图 2-1）。

图 2-1　太仓犬能较好地适应环境

二、猎取欲望高

太仓犬还具有洞猎犬的显著特性，喜欢打洞，执着于嗅认和捕捉洞内目标，并具有利用洞穴贮藏食物的特性。太仓犬在捕捉猎物时展现出了果敢和精准的特性。太仓犬会与同伴协作，有的负责吸引猎物的注意力，有的则趁机从侧面或后方发起攻击，通过团队合作最终成功制服猎物。它在制服猎物过程中的咬合力和身体控制能力都相当出色，能够有效地控制猎物的挣扎，所以太仓犬较为喜欢丝织品、毛皮类的衔取物品。对训练球、咬棒等训练衔取物品也普遍表现出较高的欲望（图 2-2）。

图 2-2　太仓犬衔取、拉扯

三、嗅觉灵敏

太仓犬的嗅觉是其另一大优势。它们的嗅觉系统异常灵敏，能够捕捉到微弱的气味并进行追踪。这种嗅觉能力使得太仓犬在搜索任务中表现出色，无论是寻找失踪人员还是搜寻违禁品（图 2-3），它们都能迅速锁定目标，能够在复杂的环境中准确地捕捉猎物的气味踪迹。无论是在山林间、田野里还是草丛中，一旦锁定目标气味，它便会全神贯注地沿着气味路线追踪。其追踪时头部低垂，鼻子贴近地面，不断地嗅闻、辨别，即使猎物的踪迹较为曲折、隐蔽，太仓犬也能凭借出色的嗅觉追踪能力紧紧跟随，展现出坚韧不拔的追踪毅力。

图 2-3 太仓犬嗅认装有违禁品的手提包

在警务实战环境中，太仓犬的搜寻能力和特性得到了充分的发挥。它们能够长时间嗅认地面、路灯、树木等物体，特别是在灌木丛、荆棘丛生的地带，可灵活穿梭，来去自如，到达人员难以到达的区域。还能够根据气味的变化判断目标的移动方向和距离，为警方提供宝贵的线索。除了搜寻任务外，太仓犬的嗅觉能力还使其在狩猎方面表现出色。它们能够迅速锁定猎物的气味并进行追踪，即使猎物隐藏在茂密的草丛或树林中，太仓犬也能凭借其敏锐的嗅觉找到它们。

四、活泼好动，兴奋性高

太仓犬的性格中最为显著的特点便是活泼好动与兴奋性高（图 2-4）。它们似乎永远不知疲倦，每天都需要巨大的活动量来满足其旺盛的精力。无论是奔跑、跳跃还是追逐，太仓犬都能展现出惊人的速度和耐力。这种活泼好动的性格使得太仓犬在狩猎方面表现出色。它们能够迅速锁定目标，并以惊人的速度进行追踪和捕杀。同时，这种活泼好动的性格也使得太仓犬在训练和使用中能够保持高度的专注。然而，这种性格也带来了一定的挑战。太仓犬需要大量的运动和关注，否则可能会因为无聊或焦虑而表现出破坏性行为。

图 2-4　太仓犬活泼好动

五、小巧灵活，运动能力强

太仓犬奔跑速度较快，身姿矫健且灵活，能够在不同地形上高速驰骋（图 2-5）。在追捕过程中，它会巧妙地利用地形优势，如借助山坡的坡度加速冲向猎物，或者在树林间穿梭以截断猎物的逃跑路线。太仓犬兼具爆发力和耐力，对于小型猎物如野兔、松鼠等，它能够在短时间内迅速拉近与猎物的距离，并通过灵活的转向和跳跃进行最后的扑击。它在追捕时目光始终紧盯着猎物，身体的协调性和反应速度都处于极佳状态，随时根据猎物的逃跑方向和速度做出调整。曾有记载，在明朝时期，太仓的一位贵族组织狩猎活动，太仓犬在追捕一头鹿时，鹿奔逃至一片沼泽地边缘试图摆脱追捕，而太仓犬巧妙地绕到鹿的侧面，利用沼泽地的限制，成功将鹿驱赶到猎人的包围圈中，其聪明果敢令人赞叹。

图 2-5　太仓犬运动能力强

六、具有一定的攻击性

太仓犬可能会对陌生人表现出一定的攻击性。这种攻击性主要体现在对同类及人类的攻击行为上，易集中攻击对方的头部、后腿等部位。这种攻击性使得太仓犬在保护训导员或领地时能够发挥出强大的威慑力。

然而，需要注意的是，太仓犬的攻击性也可能带来一定的风险。如果训练不当或受到刺激，太仓犬可能会对人或动物造成严重的伤害。因此，在训练和使用太仓犬时，需要特别注意对其攻击性的控制，避免造成不必要的伤害。

七、等级意识明显

在犬群内部，太仓犬具有一定的社交等级意识。在初次相遇时，它们会通过互相嗅闻、打量等方式来确认彼此的身份和地位（图 2-6）。一般情况下，体型较大、年龄较大或更具优势的犬只可能会在群体中占据较高的等级地位。在群体活动中，等级较高的太仓犬会优先获得食物、休息场所等资源，而其他犬只通常会表示顺从。不过，太仓犬之间的争斗相对较少，它们更倾向于通过友好的互动来维持群体的和谐，如互相舔舐、嬉戏玩耍等。在共同狩猎时，它们能够迅速地分工协作，根据各自的能力和特点承担不同的任务，充分发挥团队的力量。在过去的太仓犬狩猎群体中，常常有多只太仓犬共同行动，它们在狩猎前后都会相互交流互动，年轻的犬会向年长有经验的犬学习狩猎技巧，这种群体内的和谐相处和知识传承也促进了太仓犬种群的发展。

图 2-6　互相嗅闻、打量

八、服从性、依恋性欠佳

民间太仓犬爱好者中，一般只注重其猎犬特性的选择和开发，对其服从性、依恋性等警用素质几乎从不关注，更不会刻意培养。

开展太仓犬警用研发工作以来，通过大量训练实践表明，相对于我国公安机关目前配备的 7 个警用犬种，太仓犬的服从性、依恋性欠佳。它们更倾向于凭借自己的判断和意愿行事，展现出一种独立思考和自主决策的能力。太仓犬在训练时，往往不会像一些经过长期驯化、专门培育用于服从性工作的犬种那样，对训导员的指令迅速做出准确无误的反应。它们可能会出现对指令理解缓慢，或者即使理解了也不愿意立刻执行的情况。例如，在进行基础的坐、卧等指令训练时，太仓犬可能需要训导员多次重复指令，才会勉强做出相应动作，甚至有时还会表现出明显的不情愿，出现会而不动的现象。

在依恋性方面，在与训导员相处的过程中，它们不会时刻紧紧跟随训导员表现出过度依赖训导员的行为。它们对训导员的依恋程度相对较低，更喜欢保持一定的独立空间和自由。甚至在一些情况下，如在户外放开牵引绳后，它们可能会因为被周围的环境所吸引，而不顾训导员的呼唤，独自跑去探索，出现唤不回的情况。

九、领地意识、好奇心与自由反射强

太仓犬在领地意识方面表现得极为强烈。它们对自己的领地有着极高的认同感和保护欲，任何试图侵犯它们领地的行为都会遭到坚决抵抗。它们对周围的世界充满了无尽的好奇和探索欲望，无论是新奇的事物还是熟悉的环境，都能引起它们极大的兴趣。无论是新的环境、陌生的物体还是不常见的声音，都会激发它们的探索欲望（图 2-7）。这种好奇心促使它们积极地去接触和了解周围的环境，但有时也会因为过于专注于探索而忽略了训导员的指令。

图 2-7　太仓犬好奇心与自由反射强

太仓犬的自由反射能力也极为突出。它们渴望自由、追求自由，不喜欢被束缚和限制。当被长时间限制在一个较小的空间内，或者被牵引绳束缚时，它们会表现出明显的焦躁不安和不耐烦。这种对自由的热爱和追求，使得太仓犬在户外活动时表现出色，成为许多户外与狩猎爱好者的理想伴侣。

太仓犬以其独特的行为特性和卓越的能力赢得了人们的喜爱和尊重。它们不仅是狩猎高手和忠诚的伴侣，更是警务实战中的得力助手。通过深入了解太仓犬的行为特性和养护方法，我们可以更好地照顾它们并发挥它们的潜力。同时，我们也应积极保护和传承太仓犬的文化价值，让这一古老而珍贵的犬种在现代社会中焕发出新的光彩。

第二节　基本素质的培养

太仓犬作为我国本土优秀的猎犬品种，其基本素质的培养是后期技能训练与日常互动的核心基础。所谓“基本素质”，主要涵盖三方面：与主人的亲和关系（决定犬对人的信任与依赖程度）、基础服从性（确保人与犬沟通的有效性与安全性）、注意力稳定性（直接影响训练效率与复杂环境下的指令执行能力）。这三项素质相互关联——亲和关系是服从性的情感纽带，服从性是注意力聚焦的行为前提，而注意力则是深化亲和与服从的训练工具。幼犬阶段是基本素质养成的黄金期，此阶段通过科学引导，能为太仓犬的终身行为习惯与训练潜力奠定坚实基础。

一、亲和关系的培养

（一）信任感的建立

幼犬初入新环境时，安全感极度匮乏，需通过“无压力互动”逐步建立信任。初期避免强迫接触（如强行抱握、追逐），可蹲坐于犬身边，用温和语调呼唤名字，手摊开放置奖食任其自主嗅闻；待其主动接近后，轻摸下颌、背部等敏感区（避免直接摸头），动作轻柔且短暂。若犬表现紧张（如夹尾、后退），立即停止互动并退后，给予犬恢复空间。重复此过程，让犬意识到“与人接触＝安全＋奖励”，信任感会随时间自然累积。

（二）依恋性的建立

依恋性需通过“高频率正向互动”强化。每日固定2～3次“专属互动时间”，可选择衔取游戏，如用软质玩具抛投，犬衔回后夸张表扬并奖励；抚触按摩，结合梳毛，边梳边轻声夸赞；也可进行“藏食游戏”，将零食藏在手心让犬寻找，增加趣味性。注意：互动中避免突然中止或训斥，需让犬始终保持愉悦的体验；同时，主人需成为“资源提供者”——犬的食物、玩具、外出机会均需通过“主动靠近主人”获得，如开饭时先呼唤名字，犬回应后再投喂，强化“主人＝快乐源泉”的认知。

（三）日常饲喂管理

饲喂是强化亲和关系的“隐性训练”。建议采用“手喂法”：将犬粮分次置于手心，引导其主动舔食，过程中轻唤其名字并抚摸，让进食与“主人接触”进行链接；喂食时间需严格规律（如每日 7：00、12：00、18：00），避免随意投喂打乱节奏，否则易导致犬因“等待不确定”产生焦虑。此外，餐后可增加 5～10 分钟“互动散步”（非单纯排泄），用牵引绳带犬探索环境，过程中通过“注意”指令（奖食引导抬头）建立“外出＝和主人一起探索”的正向依恋（图 2-8）。

图 2-8　互动散步

二、服从性的前期培养

服从性并非“强制屈服”，而是让犬理解“按指令行动＝获得奖励”的规则。幼犬阶段需从“规则意识”“有效控制”与“基础科目”三方面切入。

（一）规则意识的建立

规则需简单明确且标准一致。例如：禁止犬扑人，应在犬的行为纠正阶段，予以及时制止，并强化非扑人行为；进出犬舍时需“训导员先通过，犬后跟随”，牵引状态下，犬欲抢行时轻拉牵引绳，待其回归到正确位置后奖励；

取食前需完成“坐”指令再投喂。规则需每日重复，3～5 天即可形成初步记忆，1～2 周后固化为习惯。

（二）坚持对犬的有效控制

有效控制依赖“牵引绳＋指令”的配合。日常活动（如散步、玩耍）需始终佩戴牵引绳，室内可用短绳，室外用长绳。当犬出现失控行为（如扑人、乱嗅）时，立即轻拉牵引绳下达“非”的口令，待其不良行为停止后，用“好”和奖励强化。注意：牵引绳力度以“打断行为”为准，避免用力过猛引发犬恐惧；若犬挣扎，可放松绳子等待其平静，再重复指令。

（三）加强基础科目的规范化训练

选择“坐”“来”等基础科目，每日训练 3～5 次，每次 5～10 分钟（幼犬注意力持续时间短，避免疲劳）。以“坐”为例：手持零食在犬鼻前缓慢上移，犬根据身体构造会抬头并自然坐下，立即下达“坐”并给予奖励；多次重复后，尝试脱离零食，用手势（手掌下压）和口令引导，成功后仍需奖励。训练需遵循“小步进阶”原则——先在室内清静环境，再转移至开阔环境（有轻微干扰），最后到小区花园（低干扰），逐步提升指令的稳定性。

三、注意力的前期培养

注意力是犬“聚焦主人”的能力，直接影响训练效率与复杂环境下的服从性。培养需分“清静环境—干扰环境—复杂环境”三阶段递进。

（一）清静环境下引导捕捉注视行为（2～4 月龄）

选择无干扰的室内环境，主人与犬保持 1～2m 的距离，手持高价值奖励（如鸡胸肉粒）举至眉眼位置，下达“注意”口令；犬抬头注视主人时，立即予以“好”的口令并奖励，同时用夸张语气表扬肯定犬的注视行为。初始阶段每次训练 10～15 次，每次注视 0.5 秒即可给予奖励；待犬能主动注视后，逐步延长等待时间（从 1 秒→3 秒→5 秒→8 秒以上），奖励频率可逐步降低，避免其依赖奖食。

（二）清静环境叠加人为干扰（4~6月龄）

在原有环境中增加轻微干扰（如播放音量较小的噪声、摇晃钥匙等），主人重复“注意”指令。若犬被干扰吸引，可轻唤其名字或晃动奖食重新引导其注视；若犬能在干扰下保持 1～2s 注视，立即奖励；若持续转移注意力，需退回上一阶段，待稳定后再增加干扰强度（如提高说话音量、抛出小玩具）。此阶段重点是让犬明白：即使有声音/动作干扰，关注主人仍能获得奖励。

（三）复杂环境下培养注视持久性（6~8月龄）

选择小区花园、广场等开放环境（人、犬、车辆等流动干扰），在牵引状态下进行训练。初始阶段缩短与干扰源的距离（如 50m 外），主人用高价值奖励（比日常更具吸引力的奖食或玩具）引导犬注视，成功后立即奖励并带离干扰区（避免过度刺激）；待犬能在 50m 外稳定注视 3 秒后，逐步靠近干扰源（30m→10m），同时延长注视时间（5 秒→8 秒以上）。若犬因干扰而分神，可通过快速后退、轻拉牵引绳等方式重新吸引其注意力，避免强迫。最终目标：犬能在复杂环境中主动注视主人 5 秒以上，且不受外界干扰影响。

第三章

太仓犬的健康保障

第一节　饲养管理

犬的饲养管理是警犬工作中的重要环节，其操作过程要求精细且全面，内容涵盖了环境管理、犬只管理和保健管理等诸多方面。为确保犬机体的正常发育和健康的体况，必须实行科学的饲养管理。

一、环境管理

（一）安全管理

太仓犬以其小巧玲珑的体型和活泼好动的天性而著称，它们拥有强烈的探索欲望，对周围环境充满好奇。在对这些犬只进行日常管理时，我们必须采取一些特别的安全措施，这些措施与传统的警犬管理方法有所不同。首先，为了确保太仓犬的安全，我们需要特别注意犬舍的栅栏设计，确保栅栏之间的间距足够小，以防止犬只逃脱。其次，犬舍内的排污口必须进行严格的防钻入处理，以防止犬只因为好奇而尝试钻入，从而避免可能发生的危险。再次，由于太仓犬中有些个体的弹跳能力特别出色，因此对于犬舍顶部过低的情况，我们必须加装防护网，以防止犬只跳起后意外受伤。最后，就是太仓犬在4～5个月龄时，它们的好斗性会有所增强，因此在这个阶段，建议将它们分开饲养，以减少因争斗而造成的咬伤或其他伤害。

（二）防寒保暖

太仓犬由于其独特的生理构造，皮下脂肪的储存量相对较少，这使得它们对寒冷环境的适应能力较弱。为了确保这些犬只能够健康成长，不受环境因素的负面影响，我们必须为它们提供一个适宜的生活环境。第一，在选择犬舍的材料时，我们需要确保这些材料具备坚固耐用、保温隔热的特性，以保护犬只免受外界温度变化的影响。第二，可以在犬舍的入口处挂上门帘，这样可以有效地阻挡冷空气的侵入，保持犬舍内的温暖。第三，为了给犬只提供一个温暖的休息环境，可以在犬舍内设置木质床铺，并在床铺上铺设适量的软草和毛毡等保暖材料。需要注意的是，这些材料需要定期更换，并在阳光下晾晒，以保持其干燥和清洁，避免犬只因潮湿而患病。第四，如果条件允许，可以考虑安装一些取暖设备，如空调、红外线灯及地暖等，这些设备可以帮助维持犬舍内的恒定温度，为犬只提供一个温暖的环境。第五，即使在冬季，犬舍也需要适当通风换气，以保持空气新鲜。然而，在进行通风换气时，必须注意避免温度急剧下降，通常选择在一天中温度相对较高的中午时分进行通风，以减少对犬只的冷刺激。

二、犬只管理

（一）运动管理

太仓犬，作为一种充满活力的运动犬种，其天性中蕴含着快速奔跑的本能，这对于消耗它们过剩的精力至关重要。适量的运动对于维护犬只的健康和提升体能具有不可或缺的作用。因此，在犬只的日常管理中，确保每日进行适量的运动散放是极其必要的。犬只的散放方式主要有两种：一种是牵引式散放，即在每日固定的时间将犬只牵出犬舍进行随行散放，确保它们获得足够的运动量和运动时间。然而，当犬只数量较多时，这种方式可能无法满足所有犬只的散放需求。另一种方式是自由散放，通过建设专门的跑道或运动场，让犬只在限定区域内自由活动。在自由散放的过程中，必须加强巡查，密切监控犬只的安全状况，以预防可能发生的意外，如中暑等。此外，运动期间犬只还能接受阳光照射，这有助于促进它们对钙质的吸收。

（二）情感管理

太仓犬，作为一类高度驯化的猎犬品种，对主人展现出强烈的依赖性。然而，众多训导员尚未充分认识到这一点，这往往导致犬只出现心理障碍和不良行为。为了避免此类问题的发生，训导员应当重视为犬只提供心理和情感上的支持，并且积极地引导和纠正犬只的不良行为及消极情绪。例如，在日常生活中，应尽量避免使用呵斥和体罚等负面管理手段，而应适时地给予犬只表扬、抚摸和拥抱等正面互动，以此与太仓犬建立健康的情感联系。

（三）卫生管理

犬体卫生管理（梳毛、洗澡、及时清理分泌物等）不仅可以促进犬只健康，还利于人和犬亲和关系的建立，并且能展现良好的职业形象。

三、保健管理

（一）环境消毒

消毒是指用物理、化学或生物的方法杀灭物体及环境中的病原微生物，是犬疾病控制重要的生物安全措施之一。消毒方法大致可分为物理消毒法，如火焰喷射、紫外线灯照射等；化学消毒法，即利用各种化学消毒剂，如二氧化氯泡腾消毒片、戊二醛、过硫酸氢钾复合粉等。一般情况下，犬舍环境消毒频率为 2～3 周消毒 1 次，而在有疫病时，则需每天消毒 1 次。消毒药的合理选用，一个犬场不宜长期使用同一种，甚至同一类型的消毒药，应定期更换，交替使用 3～5 种消毒药，以避免病菌产生耐药性，提高消毒效果。同时，某些消毒药物只对特定的病菌有杀灭作用，对其他病原微生物作用较小，日常选用时须慎用，消毒药的浓度要适中。带犬消毒时，应选择刺激性小、对犬无毒副作用的消毒药物。

（二）预防接种

预防接种是将疫苗接种于健康犬体内，使机体获得特异性抗体，从而对特定传染病产生长久免疫力的过程，一般用于传染病的预防，是目前疫病防控中最有效的手段，但也不能保证 100％的保护率，还需要做好综合性的防控措施。市场上都有相应成熟的疫苗可供选用。预防接种应根据当地流行病学特点、犬只状况、母源抗体水平、疫苗种类等综合考虑，制定出合适的免疫程序。推荐免疫程序：初生仔犬 4～5 周龄首次接种二联苗，间隔 15～20 天再次接种二联苗，间隔 15～20 天第三次接种四（六）联苗，间隔 15～20 天第四次接种四（六）联苗和狂犬病疫苗。成年犬每年接种一次四（六）联苗和狂犬病疫苗，加强免疫力。个别地区针对窝咳疫情，可以在窝咳流行季节前数周接种窝咳疫苗。

（三）定期驱虫

寄生虫不但能夺取犬只的营养，还会损伤犬只的皮肤、黏膜，会寄生或移行，影响器官的生理功能，大大降低犬只的抗病能力，更重要的是许多寄生虫还会传播某些特定的疫病。因此，要做好犬的定期驱虫，包括体内驱虫和体外驱虫。

1. 体内驱虫

由于地区的差异性，犬内寄生虫流行的种类也有所差异，但是流行最广、危害最大的内寄生虫主要是蛔虫、钩虫、鞭虫等线虫，因此定期驱虫主要是驱线虫。一般仔犬在 20～25 日龄采用左旋咪唑首次驱虫，以后每月驱虫 1 次，6 月龄开始可以每季度驱虫 1 次。成年犬每年春秋各驱虫 1 次。寄生虫流行严重的时期或个别犬只感染严重时可以加强驱虫。其他寄生虫，如球虫、绦虫等可以根据流行情况定期或即时驱杀。犬常见的体内驱虫药有肠虫清、复方非班太尔片及米尔贝肟吡喹酮片等。

2. 体外驱虫

外寄生虫的感染与环境密切相关，因此外寄生虫的驱杀要配合环境杀虫同时进行，而且良好的环境和犬体卫生，可以大大减少外寄生虫的感染。另外，多数外寄生虫的流行具有明显的季节性，如犬蜱虫的感染多集中于温暖潮湿季节，因此对于某些季节性流行的寄生虫，可以提前进行驱杀。犬常见的体外驱虫药有阿福拉纳咀嚼片、氟雷拉纳咀嚼片及非泼罗尼滴剂等。

第二节　营养需求与疾病防治

犬的健康保障工作是警犬工作的基石，直接关系到犬的繁育、训练及使用，做好犬的营养供给与疾病防治工作可以有效地保证警犬群的健康，使警犬在实战中更好地发挥特殊作用。

一、太仓犬的营养需求

（一）水

水是机体最重要的营养素。水约占成年犬体重的70%，而在幼龄犬中占比更高，是机体血液、组织液及消化液等的组成部分，参与体内物质的消化、吸收、代谢反应，以及体温的调节等生命活动。影响犬摄水量的因素包括室温、日粮类型、运动水平、生理状态和健康状态。

（二）蛋白质

蛋白质是构成细胞的物质基础，是机体内功能物质的主要成分，同时也是机体组织更新和修补的主要原料。氨基酸是蛋白质的基本单元，通过肽键相互连接在一起，形成长的蛋白质链。蛋白质需要量实际上代表对必需氨基酸和足量的非必需氨基酸的需求，犬需要22种氨基酸来合成自身所需的蛋白质，其中有10种为必需氨基酸，即精氨酸、组氨酸、异亮氨酸、亮氨酸、赖氨酸、甲硫氨酸、苯丙氨酸、苏氨酸、色氨酸和缬氨酸，在犬饲粮蛋白质中必需氨基酸的含量应该满足犬的需求。

（三）脂肪

脂肪由脂肪酸和甘油构成，是犬饲粮中的重要营养组成，为机体的能量存储和代谢提供了最高水平的能量来源，能显著提高饲粮的适口性，还可作为脂溶性维生素的载体。此外，脂肪能提供必需脂肪酸（犬主要为ω-3型和ω-6型），对犬整个生命阶段的生长发育、繁殖、免疫功能等均有重要作用，特定组合的必需脂肪酸还能显著影响犬一系列慢性疾病的发生及发展。

（四）碳水化合物

碳水化合物包括各种糖类、淀粉、多种细胞壁成分及储藏性的非淀粉多糖，是犬机体获取能量的最主要来源。根据功能将碳水化合物分为可消化的碳水化合物、不可消化但可发酵的碳水化合物、不可消化且不可发酵的碳水化合物。不同类型的碳水化合物具有不同的生理功能。当犬体内有多余的碳水化合物时，在体内可转变为脂肪而贮存起来。

（五）矿物质

矿物质是机体必不可少的无机元素，根据机体的需求，一般将其分为常量矿物质和微量矿物质。常量矿物质包括钙、磷、镁、钠、钾、氯、硫等；微量矿物质包括铁、铜、锌、硒、锰、碘等。矿物质在机体内有激活酶催化反应、支持骨骼、帮助神经传递和肌肉收缩等功能。矿物元素缺乏时，会导致犬出现一系列代谢过程紊乱、生长发育受阻、生殖功能障碍及对疾病的抵抗能力下降等症状，但是摄入过量会对动物身体造成一定的损害，甚至出现中毒的症状。

（六）维生素

维生素是一类微量有机分子，作为酶、酶前体或辅酶，在机体许多代谢过程中发挥作用。除了少数例外，机体无法合成大多数维生素，必须由食物获得。维生素一般分为两类——脂溶性维生素和水溶性维生素。脂溶性维生素包括维生素 A、维生素 D、维生素 E 和维生素 K；水溶性维生素包括维生素 C 和 B 族维生素。维生素本身不能产生能量，但维生素不足或过量都可引发营养性疾病。

二、太仓犬常见病的防治

（一）中暑

1. 发病原因

中暑包括日射病和热射病，是由于纯物理因素引起的体温调节功能障碍的一种急性疾病。日射病是因阳光直射头部，导致脑及脑膜充血、出血，致使中枢神经功能严重障碍的疾病。热射病是因环境温度过高、湿度过大，导致机体内积热所致。

2. 临床表现

患犬发病急剧，主要表现为神经功能障碍、体温明显升高，同时还表现为循环、呼吸功能衰竭。

3. 防治措施

① 首先立即离开高热环境，将病犬移至通风、凉爽处，并给予清凉饮水，有条件的话可以给予0.9%氯化钠溶液。其次采用物理降温，用冰水在头、颈、四肢内侧、腹股沟内侧擦拭。全身皮肤用冰水或冷水加少许酒精擦拭，同时配合电扇或空调降温。如降温效果较差，可使用药物如氯丙嗪，以加快散热，防止脑水肿。

② 保持呼吸通畅，必要时进行输氧，纠正电解质紊乱、低钠血症。应定时测量病犬体温，体温降至正常时，停止降温，以防体温过低，发生虚脱。

③ 因犬的皮肤汗腺不发达无法通过排汗散热，应根据环境温度合理安排训练、作业等活动；如炎热夏季因工作需要在野外作业时，应及时供应饮水和安排适当休息。犬长期缺乏运动、肥胖、犬舍低矮、闷热潮湿、通风不良或用密闭闷热的车辆运输等都是引起该病的常见诱因，所以应加强饲养管理。

（二）冻伤

1. 发病原因

冻伤是外界低温作用引起的组织损伤。冻伤的组织会发生原发性冻融性损伤和继发性血液循环障碍。常见于耳、尾、阴囊和四肢末端。

2. 临床表现

根据不同的临床表现，将冻伤分为三度。Ⅰ度冻伤：皮肤及皮下组织发生疼痛性水肿。症状轻微，数日后局部反应消失。Ⅱ度冻伤：皮肤和皮下组织呈弥漫性水肿，并扩延到周围组织，有时在患部出现水疱，水疱自溃后形成难愈合的溃疡。Ⅲ度冻伤：血液循环障碍引起不同深度的组织干性坏死。患部因冷厥而缺乏感觉，皮肤先发生坏死，有的皮肤与皮下或骨部的组织均发生坏死。常因静脉血栓形成、周围组织水肿及继发感染而出现湿性坏疽。

3. 防治措施

消除寒冷作用，使冻伤组织复温，恢复组织内的血液和淋巴循环，并预防感染。对刚离开冻源的病犬，应做复温治疗。开始用18～20℃的水进行温水浴，在25min内不断向其中加热水，使水温逐渐达到38℃。当冻伤的组织变软，组织血液循环开始恢复时，即达到复温效果。在不便于温水浴复温的部位，可用热敷复温，热敷温度为38～40℃。复温后用75%酒精或3%樟脑酒精涂擦，最后用保暖绷带包扎。

对已脱离冻源较久的冻伤患犬，可用低浓度防腐液（如0.5%高锰酸钾溶液、0.05%洗必泰或新洁尔灭溶液等）清洗患部，然后用保暖绷带包扎。Ⅰ度冻伤，经过几天的治疗可逐渐自愈。Ⅱ度冻伤，为了减少血管内凝集与栓塞，改善微循环，可静脉注射低分子右旋糖酐和肝素，可用碘伏溶液涂擦冻伤处，然后用保暖绷带包扎或行开放疗法。Ⅲ度冻伤，对已发生湿性坏疽的，可行坏死组织切开术或切除术。面积较大的Ⅱ度以上冻伤，需早期应用抗菌药，防止细菌感染。

（三）蛇毒中毒

1. 发病原因

蛇毒中毒是指犬被毒蛇咬伤后，毒汁通过伤口进入犬体引起的一种急性中毒疾病。咬伤部位多在四肢、面部和鼻端。

2. 临床表现

患犬临床上以咬伤部位肿胀、渗血、坏死、发热、剧痛为特征，严重时可导致中枢神经麻痹及休克，甚至死亡。

3. 防治措施

该病根据蛇咬伤史及蛇牙痕，容易诊断。治疗应及时，防止蛇毒扩散，尽快实施排毒和解毒，配合对症治疗。犬被咬伤初期由伤口周围向伤口处压迫，促进毒素流出，同时用双氧水清洗创口。必要时可以切开咬伤部位，扩创排毒。如果四肢被咬伤，要尽快扎紧咬伤部位上部，使犬保持安静以减少毒素吸收。抗蛇毒血清是中和蛇毒的特效解毒药，有条件的应尽早使用，也可选用中成药如季德胜蛇药口服，并将其捣碎用凡士林调和后外敷在肿胀部位。同时应实施对症疗法，维持呼吸和循环功能。

（四）蟾蜍中毒

1. 发病原因

蟾蜍中毒是因犬摄取蟾蜍分泌的毒液而引起的以神经功能紊乱和心力衰竭为特征的中毒性疾病，主要原因可能是犬误食蟾蜍，或训导员将蟾蜍煮熟后饲喂犬以补充动物蛋白。

2. 临床表现

一般在食后数分钟内发病，初期表现为兴奋不安、共济失调、流涎、呼吸急促；如果治疗不及时就会出现抽搐、昏迷而死亡。

3. 防治措施

加强犬的饲养管理，避免犬摄入蟾蜍。该病无特效解毒药，主要采取促进毒物排出和对症治疗等措施。早期可立即洗胃、催吐、导泻，灌服活性炭和盐类泻剂，禁用油类泻剂。犬心律失常可用普萘洛尔，心搏徐缓可用阿托品，惊厥可用地西泮。再用强力解毒敏、维生素 C 及速尿等药物，以加快体内毒物的分解与排出。

（五）外伤

1. 发病原因

在训练或勤务过程中，犬因锐性外力或强烈的钝性外力作用于机体组织或器官，使受伤部位的皮肤或黏膜出现伤口及深在组织与外界相通的开放性损伤。

2. 临床表现

皮肤或黏膜的创口裂开，显露皮下或黏膜下的深层组织。新鲜创常有血液流出或创内有血凝块，创口周围的被毛被血液和渗出物沾污；陈旧创或化脓创的创面有脓汁附着，创口有渗出物和脓汁流出。触诊局部，病犬有时会有疼痛反应。

3. 防治措施

首先要在创面周围剪毛，再用生理盐水清洗，冲出创伤内的组织碎片和异物。然后根据外伤情况进行密闭缝合或开放疗法。通常犬伤口口径不大，暴露比包扎更容易愈合；尽量保持伤口干燥，以减少细菌生长；还应控制病犬，避免其舔舐伤口。同时创伤局部可选用抗菌类药物软膏、碘伏等，全身选用头孢噻呋钠等，病情严重的犬还应同时配合支持疗法。

第四章

太仓犬基础能力训练

第一节　幼犬培训

一、幼犬训练的概念

幼犬广义上指从出生至10月龄的犬，实际工作中普遍认为是从出生至6月龄的犬。太仓犬属于小型犬，大脑和身体功能发育较大型犬均可能提前，因此幼训时间是否应当适当提前也需实践检验。幼犬阶段是为后期训练筑牢基础的关键时期，尤其是3月龄前的幼犬，其感知外界环境和接受新鲜事物的能力最强。幼犬训练类似于在一张空白的画布上作画，是否开展及其质量如何，决定了画作的精美程度和价值，影响犬的性格、行为习惯的塑造和训练使用基础能力的形成。

二、2~4月龄幼犬训练

2～4月龄幼犬对外界环境的反应依然较大，这个阶段的训练依然以环境适应为主，其次是衔取欲和胆量的训练，包括视觉、嗅觉、听觉等基础神经性条件反射的建立。通过对该阶段的幼犬进行训练，可以奠定幼犬基本警用素质的基础，为后续训练和使用提供支撑作用。

（一）适应性训练

2～4月龄幼犬的大脑和身体发育较之前更为完善，接收和应对复杂环境变化的能力更强，但是这个阶段也是幼犬能力的分水岭。环境适应性强的幼犬在对抗环境变化的同时能得到更多经验，同时伴随克服内心恐惧的获得感，其心理素质得到进一步加强，面对更复杂的环境也显得游刃有余；相反，环境适应性较差的幼犬需要制订更为精细的训练计划，在犬心理和身体可接受的状态下逐步增加环境变量，帮助它们增强克服恐惧的信心。4月龄前的幼犬神经发育和神经活动旺盛，是幼犬环境适应性训练的最佳时间，一旦错过则较难纠正。

2～3月龄幼犬需从产房逐渐转移到相对封闭的室内空间，最好能接触不同的陌生人、听听不同的声音、看看不同的场景，逐步增加刺激源强度，经过专门训练，促进幼犬兴奋性神经递质释放，提高其基本的环境适应能力。3月龄左右的幼犬需要逐渐适应开放式空间，比如草地、灌木和山坡等自然环境，开始佩戴脖圈进行训练。训练初期，面对陌生的环境，幼犬可能会不适应，训导员可以通过温和的声音、抚摸、轻拍、食物诱导等方式逐渐消除幼犬的不安全感。在此阶段，车辆适应性训练以幼犬熟悉各种车辆的内部空间结构为主。幼犬达4月龄时，改变只由训导员牵引外出散放训练的模式，应更换为不同的人进行，这些人应相对固定，一般不超过3人。

（二）衔取欲训练

2月龄左右的幼犬因口齿和咬肌发育不完善，影响了对物品的咬合，但太仓犬普遍猎取动力强，因此可以选择柔软的物品，在其表面涂抹肉末、奶粉等食物，待幼犬嗅闻后进行追逐游戏，激发衔取欲的同时也能起到锻炼身体的作用。到3月龄左右，随着犬身体发育日趋成熟，幼犬咬合能力和兴趣会明显提升，太仓犬作为猎犬，对于小动物有天然的猎取本性，此时可以利用动物毛皮或者毛皮制品激发其内心的猎取欲，待其衔取后，训导员与之进行拉扯，拉扯时间及力度根据幼犬衔取的紧密程度决定，切不可在幼犬松口后才放开物品，否则会导致衔取不牢、提前吐物、衔取欲望下降等问题（图4-1）。

同时在幼犬2～3月龄时，训导员可在日常饲喂和管理中，用食物和物品进行前来的训练，训导员距犬一定距离时，准备食物或物品，下达“来”的口令，待犬到训导员身前给予食物或物品奖励，培养犬对“来”口令的基本联系。经过前期系统训练，幼犬4月龄时已与训导员建立了良好的亲和关系，此时可在衔取训练中加入“前来”的训练。每次训练前给幼犬带上长绳，犬衔取物品后不能在训导员的指挥下主动前来时，使用长绳控制，犬到身边时，不可抢夺幼犬的衔取物品，并且要给予足够奖励。使用长绳时需把控力度，不可用

图 4-1 太仓犬的衔取欲训练

力过度导致幼犬松口，逐步培养犬衔取物品后主动回到训导员身边的意识。

（三）胆量训练

胆量与动物极为复杂的神经活动密切相关。神经传导通路为大脑接收外界信号—信息处理—发出指令—肢体动作反应，有的犬在受到刺激或者惊吓后会四肢僵硬甚至排便失禁，并在后期对相同刺激的反应更为激烈和敏感，因此进行专门的胆量提升训练十分必要。2 月龄前幼犬接受声、光、陌生人等适应性训练后，2～4 月龄幼犬应当接受强度更大的刺激源训练，包括路上的行人、车辆及其他不同品种的犬等，在视觉、听觉上强化神经反射，提高幼犬胆量。刺激源强度应当呈梯度增加，如前期在幼犬进食时敲击食盆，中期带其在马路边适应来往的行人和车辆，后期去往人流量较大的十字路口、步行街等相对复杂的环境中锻炼。

（四）视觉和听觉训练

视觉和听觉是与警觉性最直接相关的感知方式，良好的视觉和听觉可更好地帮助犬发现人和事物，从而更快做出反应，这类训练应根据犬的用途针对性地开展。对于搜索作业类犬，在警觉性方面要求不高，但对犬的嗅觉及其作业能力却有着极高要求；对于巡逻防暴类犬，警觉性要求较高，对嗅觉作业能力要求不高。视觉、听觉相关训练一般集中在 2～4 月龄，视觉训练主要采用现实场景及画面形式，如带犬感受不同的环境、用投影仪播放图像和视频。随着全息投影、VR等新产品和技术的成熟与发展，视觉训练的效率和效果也得到提升。听觉训练设置的声源应由近及远、由弱到强，逐步提高幼犬感知微弱声音的能力。通过视觉和听觉两方面训练的加强，进而全面提高犬的警觉性及对外界的感知和反应能力。

（五）嗅觉训练

嗅觉是警用搜索犬工作必不可少的先天要素，开发嗅觉是警犬训练和选育的关键。在警犬追踪、搜索、搜毒、搜爆等训练科目中，犬的嗅觉能力是基础，优秀的气味作业犬应当具备微小气味感知、复杂气味分化、嗅认作业专注的能力，这些能力需从幼犬阶段进行针对性培养。

2月龄左右幼犬嗅觉系统发育相对完善，可以根据食物气味追寻气味来源。日常训练中，训导员可利用气味较大的食物引诱幼犬追逐，当幼犬表现出足够的食物动力后及时给予奖励。3～4月龄幼犬嗅觉系统发育基本完成，训练时气味源要丰富，不应是单纯的食物气味，可加入调味香料、薄荷等气味，设置应从浓烈到微弱、从暴露到隐藏、从易获得到难以获得，逐渐加强幼犬对微弱气味的嗅闻分化能力，在游戏过程中潜移默化地培养幼犬对不同类型气味探求、感知、分化的能力。

三、4～6月龄幼犬训练

4～6月龄幼犬的各项身体功能发育基本成熟，是由幼犬向成犬转变的过渡阶段，在训练中要逐步摆脱上一阶段的训练思维和模式，逐步与成犬训练衔接。总体来说，4～6月龄幼犬的训练科目与2～4月龄幼犬的基本相同，但是训练的要求和强度需进一步增强。

持续进行犬胆量与适应性训练。胆量与环境适应能力息息相关。作为警犬警用品质的重要组成部分，适应性和胆量训练应贯穿训练的始终，任何阶段都需高度重视，要尽可能地带犬到不同的环境和场景，如学校、火车站、机场、货运、客运码头、海关、边防及消防救援现场等；同时要结合未来实战使用需要，设置相关的场景环境，如火光、声响、抗议人群等，如有条件也可利用多媒体设备进行辅助训练。幼犬阶段适应性训练场景的多样化有助于提高犬心理素质及胆量，能够缩短后期专业训练科目的场景适应时间，提升专业训练效率，确保犬能以最佳状态投入专业训练。车辆适应性训练要由静态适应转为动态适应，幼犬不仅要能够主动跳跃上车，也要适应车辆行驶过程中加速、减速、转弯带来的离心力及路面不平带来的颠簸感。

强化嗅觉作业训练。犬的嗅认意识、嗅认仔细度、气味分化等警用品质需在前一阶段的基础上进一步开发，如果是专业搜索犬，嗅觉作业耐力也要专门训练。训练中可结合隐蔽式衔取培养犬的上述能力，逐步在物品上附着特定气味（人体气味、毒品气味、炸药气味、血迹气味等），为以后专业搜索科目训练奠定基础。训练全过程要特别注重犬利用嗅觉寻找物品的积极性培养，通过充分的奖励及有趣的人犬互动游戏，激发并满足犬的猎取、自由及游戏欲望，促进犬大脑持续分泌多巴胺和内啡肽，改善犬作业状态，提升犬持续作业能力。

日常饲养管理要科学。一是注重训前散放，固定散放场地，尽量避免幼犬在训练中出现排泄或标记的行为，如果出现要第一时间制止。同时要定时散放，培养犬不在犬舍排泄的习惯。二是杜绝捡食行为，训练过程中，训导员要牢牢吸引犬的注意力，逐步使犬建立关注训导员及按训导员要求完成相应行为与获得奖励的联系。此外，可开展“禁止”训练，事先在训练场地布设犬喜好的食物，带犬自然经过，犬要捡食时，训导员用严厉的语气下达“非”口令，随即用牵引绳向上拉扯刺激，刺激的力度要根据犬的情况具体把握，犬放弃捡食后，训导员应立即用随身准备的食物奖励犬。三是防止公犬习惯性爬跨，2月龄左右的太仓幼犬就已经出现爬跨等性行为特征，随着年龄增大，特别是面对发情母犬时，犬会表现出嗅闻及爬跨的行为，训导员发现后要第一时间制止，不能放纵其行为，同时要通过食物诱导及物品逗引培养犬训练专注力，提升犬的训练积极性，转移犬的注意力。四是要防止打斗，太仓犬体型不大，但凶猛好斗，争抢物品或护食都可能引起打斗，甚至面对体型更大的马犬和德牧时毫不示弱，因此在日常训练管理中要与其他犬保持一定距离。

第二节　环境适应能力训练

现代城市空间的立体化发展使得警犬作业场景呈现高度复杂性。高层建筑密集的消防通道、野外复杂环境的荆棘沟壑、商业综合体的密集人流等特殊环境，对警犬的空间认知与应激调控能力提出新挑战。未经环境适应能力训练的警犬，在遭遇自动扶梯震动、玻璃幕墙反光、中央空调气流等非自然因素时，易出现感知系统过载，导致训练与使用中断，甚至行为失控。而野外勤务中多变的地形结构、极端气候、生物干扰等因素，更要求警犬具备超越本能的环境适应能力。环境适应能力训练通过模拟真实场景，能够重塑警犬的环境认知框架，使其在复杂物理空间保持稳定的作业状态。

太仓犬从体型外貌特征上属小型犬，与大型犬在环境感知方面存在一定差异。只有通过专门的环境适应训练，使太仓犬逐渐熟悉并适应各种作业条件，才能快速地进入工作状态。良好的环境适应能力是开展训练与使用的前提条件。

一、训练目的

通过训练，犬可以适应搜救、搜尸、搜爆、搜毒等专业训练的各种环境及实战使用场景，确保太仓犬训练与使用不易受环境条件干扰产生不良影响，为太仓犬在各种环境中专注、顺利、兴奋地作业奠定基础。

二、训练条件

训练场地、助训员、牵引绳、汽车、音频设备、长绳、训练物品等。

三、口令及主要非条件刺激

口令："非""好"。

主要非条件刺激：食物、机械刺激。

四、训练方法

犬具有非常强大的感知系统，根据外界环境的变化，从视觉、听觉、嗅觉等方面感知环境改变带来的信息，从而启动自身应激调节机制。训导员应掌握犬较常见的恐惧性回避行为，从身体姿态上表现为：尾部夹紧，耳位后移，有挣脱和逃跑迹象等；从生理指标上表现为：心率不断上升，呼吸急促等。训导员应根据太仓犬的表现，科学合理安排环境适应能力训练，使犬渐进式地通过内在调节，提升环境适应能力。

（一）人群适应训练

在使用现场，围观及共同参与案件侦破的工作人员较多，犬需适应个体或人群干扰下的作业环境，确保作业的专注度和稳定性。人群适应训练从易到难渐进地开展，不可急于求成，可分为以下几个阶段。

第一阶段：静态人群训练。训导员组织5名助训员参与训练，并明确训练注意事项，提前做好沟通交流。选择一处清静场地，1名陌生的助训员自然放松地站立，训导员牵引犬至助训员5m处，并逐步靠近。其间助训员不能做出让犬感到畏惧的行为，如突然做大幅度肢体动作、发出较大声响等。如犬对陌生助训员始终保持自然放松状态，训导员应立即予以犬食物或物品奖励，以愉快的氛围结束训练；如犬出现恐惧行为，训导员应及时以温和的姿态俯身进行抚摸安抚，也可用高价值食物吸引犬，或用物品逗引犬，使犬对于助训员的被动反应成为无关刺激，消除犬的戒备心理。犬适应此训练条件后，助训员主动以温和的语气吸引犬注意，俯身唤犬前来，犬以兴奋的状态跑至助训员身边时，予以奖励，为下阶段训练打基础。多次重复以上训练，不断变换助训员，直至犬适应任何陌生人的出现，并能主动自信地接近陌生人。

第二阶段：接近人群训练。选择好训练场地，5名陌生的助训员间隔1m左右纵队排列，训导员牵引犬靠近人群。初次训练，所有助训员应静止不动，再根据犬的表现逐步过渡到原地踏步、挥手，同时制造噪声，助训员要结合犬的行为表现及时调整动作幅度，使犬能顺利自然地接近助训员，避免犬出现畏惧行为。训导员要时刻关注犬的表现，通过观察犬的行为表现，及时掌握其心理变化，鼓励犬主动接近助训员，助训员以高价值奖食或物品予以奖励。重复以上训练，并逐渐增加助训员人数，直至犬能在训导员牵引下自然兴奋地接近人群，适应助训员的抚摸等行为，无被动反应。

第三阶段：人群经停训练。训导员牵犬在场地自然站立，助训人群间隔1m列队行进，由远及近靠近训导员和犬。当第一名助训员到达犬所在位置时，队伍停止前进。经过前两个阶段训练，犬会试探靠近第一名助训员，并表现为亲近行为。如犬对助训员表现出吠叫、飞扑等不良行为，训导员应利用牵引绳进行短促刺激，不断给予犬压力；也可采取令犬呈坐姿并注视训导员来替代不良行为，转移犬的注意力，以奖励结束此训练。当犬能以自然状态靠近助训员且未出现不良行为时，训导员对犬进行食物奖励，直至最后一名助训员与犬接触，并保持自然放松状态，训导员予以充分奖励。

第四阶段：动态人群训练。选择好训练场地，10 名陌生的助训员无规律站位，其中 5 名助训员与犬相向而行，训导员牵引犬穿过 5 名助训员后，若犬自然靠近助训员且未出现不良行为，此时训导员对犬进行食物奖励。再令犬“坐”延缓，直至另 5 名助训员经过，并伴有逗引、抛球等干扰行为去破坏延缓，当犬保持坐姿不受干扰时，训导员予以充分奖励。训练后期，需经常更换人群构成，如适应特殊群体，包含儿童、老人、妇女等，不断提升犬对不同人群的适应能力。

（二）运输工具适应训练

培养太仓犬在汽车、地铁、船舶、直升机等交通工具中稳定作业的能力，需适应交通工具的不同状态，以乘坐汽车为例进行阐述，其他运输工具参照开展训练。

第一阶段：静态适应阶段。选择日常运输车辆，并使其处于熄火状态。训导员牵引犬至车辆附近，令犬“坐”延缓，将衔取物品藏于车辆易隐蔽处（如轮胎、后备箱、座椅、引擎盖、保险杠等）或将物品抛至车辆下方后，训导员立即带犬去搜索。藏物位置顺序由车外向车内逐步过渡，待犬发现物品后，充分奖励犬。在日常逗引犬时，也可有意在犬进出车辆位置与犬互动、游戏，使犬对车辆产生极大兴趣。重复以上训练，每次训练时长在 10 分钟以内，逐步使犬对处于熄火状态的车辆具有较高的兴奋性（图 4-2）。

第二阶段：动态适应阶段。选择相对封闭、车流量较少的环境，在犬对熄火状态车辆有较高兴奋性后，转而进入车辆启动状态训练。在启动车辆轻微抖动过程中，训导员继续与犬互动、游戏，抚摸安抚犬，逐步提升其适应性。此后，发动车辆处于低速行驶状态，速度小于 20km/h，初始适应训练时长小于 10min，逐步延长至 60min。通过车辆的启停，不断提升犬前庭器官的适应性和稳定性，防止犬晕车。通过乘坐动态车辆，使犬对发动机的声源脱敏，同时对车辆内相对狭小封闭的空间建立基础认知，防止犬产生烦躁、恐惧的不良情绪，建立犬对乘坐动态车辆的良好适应能力。

第三阶段：特种载体训练。犬对常规的交通工具适应后，培养犬乘坐船舶、冲锋舟、运输机索降等交通工具的适应性，训练方法同上述乘坐汽车的训练方法。

图 4-2　静态车辆适应训练

（三）野外环境适应训练

太仓犬在开展野外搜尸、搜救等科目训练时，常在复杂地形、气候恶劣、受动植物干扰多的环境下进行。经过针对性训练的太仓犬，对于荆棘、灌木丛、山洞等环境表现为自然放松，不会出现畏惧、胆怯和不敢深入等表现。主要包括以下三种训练。

一是地形适应训练。选择具有硬质与软质条件下的野外环境，如草地、石子路、带坡度的荆棘地，从15°草坡逐步过渡至45°岩壁、山坡，培养基础攀爬能力。逐步加大地形坡度和范围，在必经之路上设置障碍，当犬顺利通过后，给予犬充分奖励（图 4-3）。训导员在与犬互动过程中，将衔取物品在上述环境中反复抛掷，使犬在积极兴奋的状态下适应和接受新异地形环境。培养攀爬、越障等能力时，训导员尤其要注意及时为犬补充水分，并关注犬的健康状况，如是否中暑、爪子是否受伤、是否受到严重惊吓等。

二是抗动物干扰训练。此阶段训练应建立在犬有一定服从能力的基础上开展，包括稳定的前来能力和禁止能力，以提高训练效率。选择相对安全的野外

图 4-3　地形适应训练

环境，放置犬笼，助训员首先布置同类犬接触作为干扰条件。当犬进入训练场地并靠近干扰犬只时，训导员提前控制好牵引绳。如犬未受干扰，自然行进，训导员应迅速将犬带离干扰区域，予以充分奖励；如犬对干扰犬只过度兴奋或出现攻击行为，训导员应提拉牵引绳给予犬连续短促刺激，下达“非”的口令，犬在刺激作用下停止不良行为，训导员应立即迅速将犬带离干扰区域，予以充分奖励。重复以上训练，将干扰条件换为其他动物，也可在犬活动的区域内提前布置其他动物的活动轨迹，通过纠正不良行为，强化正确行为，培养犬的抗动物干扰能力。

三是涉水训练。训导员需具备一定的救援知识，提前准备好训练器械和背驮式浮力救援设备，如浮标、充气床垫、充气泳圈、充气马甲等，确保训练的可操作性和安全性。选择相对安全封闭的野外环境，训导员需根据太仓犬体型特征，先建立犬对深度小于 0.1m 浅水环境的基础认知，逐步使犬克服恐惧心理。在此基础上，选择深度小于 0.3m 的水域，进行抛物衔取，犬衔物返回，训导员予以充分奖励。重复以上训练，逐步增加水深，并将长牵引绳、浮标、充气马甲系于犬体，在保证安全的前提下，完成犬的自主浮游和方向控制（图 4-4）。

图 4-4　涉水训练

（四）室内环境适应训练

此训练是搜索训练的重要环节，主要应用于大型活动安保搜索，包括主体场馆、宾馆、会场等场所，是培养太仓犬掌握建筑结构搜索能力、狭小空间通过能力等的重要基础。

1. 建立犬对空间结构的认知

根据太仓犬的感知特性，在不同空间结构的建筑内，视觉和感觉上的条件刺激是不同的，涵盖住宅、商场、仓库等建筑实体。在日常开展针对性训练时，需充分散放犬，带好清洁工具，如拾便器、纸巾等。在以上环境中，先牵引犬适应单个房间，可在室外与犬互动，助训员将球藏于室内，位置随机隐藏于垂直空间和水平空间的衣柜、桌椅、抽屉等，待犬搜获物品时，训导员及时强化犬，反复抛物令犬衔取（图 4-5）。逐步扩大物品放置范围，如楼梯间、消防栓、工具间等。重复以上训练，使犬将室内环境中的干扰因素逐步视为无关刺激，增强其对室内环境适应性。

2. 建立犬对室内特殊材质的适应性

在建筑物内，地面类型常包括瓷砖、地毯、玻璃、水泥地等。以太仓犬移动速度较快的特点来说，与地面接触的频率较高，须开展针对性训练。对于摩擦系数较小的瓷砖等硬质地面，训导员应牵引犬缓慢行进，先建立犬在光滑地面行进的安全意识后再提速行进，同时解开牵引绳，让犬在自由放松的状态下逐步适应。对于铺设地毯等软质材料的地面，训导员也应带犬进行适应性训练，特别是在天气干燥时，易产生静电，只有经过大量训练，才能防止犬因静电刺激而产生不适感；对于透明、反光的玻璃材质地面，训导员首先应在透明度较大的玻璃上，引导犬在视觉上适应，再牵引犬通过接触形成触觉上的适应，最后克服其抵触、恐惧的不良情绪。在反光的玻璃或镜子前，训导员只需重复以上训练即可。

3. 建立犬对密闭狭小空间的适应性

建筑物内的电梯、工具间等环境是太仓犬较为常见的作业环境，训导员需开展犬适应乘坐电梯升降的训练。初期训练时，注意单次乘坐时间不宜过长，应让犬逐步适应，并充分奖励犬。对于狭小密闭空间，训导员应注意通风、照明，不断与犬互动、游戏，缓解犬对环境的压抑情绪。

图 4-5 室内环境适应训练

（五）复杂灯光、声压适应训练

本阶段训练可在犬对室内、野外等环境建立基本适应性后，叠加干扰因素开展。

第一阶段：复杂灯光的脱敏训练，训练条件为静态灯光→暖光、自然光→频闪灯光→移动光影（移动光源），渐进式提升犬对复杂灯光的适应能力。

第二阶段：声压等级应由低频向高频过渡，训练条件为单个声源→复合声源→多个声源（3 个及以上），渐进式提升犬对多种声压的适应能力。

第三阶段：开展模拟场景训练，如夜间在犬的作业环境中使用频闪灯配合探照灯进行干扰，或多声道突发播放爆炸声进行干扰等。

第四阶段：将犬带至较复杂的广场、火车站、街道、居民区、野外等现实作业环境，本着循序渐进的原则开展此项训练。

五、常见问题与注意事项

① 环境适应训练作为受训太仓犬基本技能训练内容和训练基础，应尽早地进行开展。

② 环境适应训练前，应充分散放犬，排除内抑制。尤其在室内环境中，严格控制好单次训练时长，防止犬在室内环境有排便行为。

③ 在训练过程中，应精心地准备训练环境，不能使犬在适应环境过程中受到强烈刺激，而对特定环境产生超限抑制。

④ 时刻关注犬体健康。在炎热环境，应采取防暑降温措施；在进行攀爬、越障等作业时，做好关节防护，防止运动挫伤；在消耗大量体力、耐力时，及时做好犬的营养补给。

⑤ 做好感知器官防护。犬视觉上的训练单次时间不宜过长，频闪光源由弱光向强光应逐步增加；犬听觉上的训练，也应从低声压环境向高声压环境逐步过渡。

⑥ 在环境适应中，人为设置的干扰因素和难度应逐步叠加，防止环境变化幅度过大，给犬带来难以释放的压力。

第三节　服从能力训练

一、太仓犬服从能力训练概述

（一）概念

太仓犬服从能力训练，是指太仓犬能够根据训导员的指挥，迅速、准确地完成符合训导员要求的行为动作。

服从能力训练是通过系统性、规范化的行为塑造手段，使太仓犬建立对训导员指令的快速响应机制，形成稳定的条件反射和行为模式的过程，要求做到“令行禁止”“一令一动”。其核心在于通过强化与惩罚等方式相结合，逐步建立犬只对特定指令的自动化反应。对于太仓犬这类猎捕本能突出的犬种，训练过程中需特别注重平衡其自主性与服从性，如开展搜毒、搜爆、搜救、搜尸等作业训练时，服从性强的犬会主动抑制非训练相关的猎物反射，优先执行训导员关于气味作业的指令，将其猎捕动物的特性转换为服务公安实战的有效手段，实现行为优化。

（二）必要性

太仓犬作为我国近年来本土在研警用犬种，具备猎犬的行为特性，搜寻猎物时，有着强烈的捕猎欲望、持久的耐力、旺盛的体能、灵敏的嗅觉等特性。然而，以上优质的警用品质若要有效地应用于使用科目，就需要有很好的切入点和融合点。因此，太仓犬的服从能力训练就显得尤为重要，服从能力训练的必要性主要体现在以下几个方面。

1. 提升人犬默契程度

服从科目训练过程中，一定程度上是人犬相互熟悉了解的过程，犬熟悉训导员的气味、音调、情绪等信息；训导员与犬建立信任感，了解在何种条件刺激下，会引起犬的“喜怒哀乐”情绪和恐惧表现。尤其在开展使用科目训练时更为高效，从而增强人犬同步配合的默契程度，逐步构建双向沟通渠道。训导员的实操水平与服从训练能力呈正相关，同时实操水平也决定了犬的使用科目上限。

2. 为使用科目奠定基础

根据训导员的指令，犬达到使用科目训练的标准和要求，与示警行为的出现越接近，越体现出犬的服从性。在开展使用科目训练时，特别是犬在兴奋度、体能等下降，或是干扰诱惑因素过多时，只有具备优秀服从性的犬，才不会受外界环境干扰，有继续工作的良好执行力，这对使用科目训练的顺利开展有着不可替代的作用。

3. 建立规则意识

未经服从训练的太仓犬因猎犬基因导致自由反射阈值较低，需通过高标准、严要求的服从科目训练，建立规则意识，塑造符合训导员要求的行为，形成清晰的边界感，才能使犬的行为更为规范。强化与惩罚是行为塑造的主要手段，愉悦与压力并存，才能建立规则意识。针对太仓犬的行为特点，可采取以下训练方法：

（1）空间限制法　使用长牵引绳逐步缩短太仓犬的活动半径，强化“禁止越界”意识；在出现不符合训练要求的行为时，犬会被限制在狭小空间内，或在一定时间内失去与强化物再次接触的机会。

(2) 时间限制法　当犬出现不良行为时，在一定时间内使其失去与强化物再次接触的机会，从而降低不良行为出现的频率。再次开展训练的时间根据训练安排而定，也就是再次与强化物接触的时间，可以是30秒、2分钟或5分钟等，也可以直接结束当日训练。

(3) 等级控制法　训导员应通过日常管理确立主导地位，如训导员始终优先通过门禁、令犬进食等待等行为。

采用“三分区”训练布设：自由活动区、指令执行区、奖励获取区，不同空间对应被允许的行为，也就是说在相应的职能区域里只能出现相应的行为。如建立单独的排便区域、饮水区域、游戏区域等，对于在非排便区域排便的行为，犬要受到一定的惩罚。

（三）理念

太仓犬服从训练以操作式条件反射为核心理论框架，重点应用以下原则。

① 即时强化：初期训练，奖励需在正确行为发生后及时给予，奖励时间无限趋近于零秒，延迟奖励时间过长则强化效果下降明显。

② 渐进式塑造：采用“连续逼近法”，确定一个科目的“起始行为”和“最终行为”，将“最终行为”拆解为可逐步强化的子步骤，通过及时奖励、连续奖励、间隔奖励、延迟奖励等方式对行为进行塑造。

③ 抗干扰训练：在犬只掌握基础动作后，逐步增加干扰因素（如人流、噪声、家禽、家畜等），提升行为稳定性和抗干扰能力。

④ 环境泛化训练：使太仓犬在室内、街道、野外等不同场景重复执行指令，增强应变能力，培养与使用科目的结合能力。

二、太仓犬服从能力训练原则

太仓犬服从能力训练科目主要分为坐、卧、站立、延缓、吠叫、随行、前来、衔取、前进、禁止与拒食等。遵循以下原则：

① 短时高效原则：单次训练时长控制在10分钟（幼犬）至30分钟（成年犬），避免超限抑制。

② 一致性原则：指令用语、手势、奖惩标准需保持各训练阶段一致。

③ 正向主导原则：奖励频次须达惩罚的5倍以上，形成积极训练模式，

且强化手段与惩罚手段并存。

三、太仓犬服从能力训练要求

（一）基本能力要求

训导员须与受训太仓犬建立较好的亲和关系，了解犬的行为习惯和生活习性后，开展服从科目的训练。

（二）训练环境要求

训练初期，应尽量选择外界干扰小的清静环境；在能力提升阶段，应有针对性地逐步叠加干扰因素、复杂环境等训练条件，提升太仓犬综合作业能力。

（三）训练物质条件要求

根据不同太仓犬的性格特征与喜好，有针对性地准备奖食和衔取物品，控制好犬在一定时间段内的衔取次数。使犬常处于半饥饿或饥饿状态，以确保强化物的强化效力。

（四）训练指标要求

训导员下达指令后，犬能够立即兴奋、自然地完成标准动作，并且注意力集中，稳定性高。

（五）训练器具要求

进行犬适应响片和基础箱的训练，基础箱的尺寸应针对太仓犬的体型特点有所调整。训导员具备使用两种器具进行训练的经验，且熟练掌握响片和基础箱的训练原理，能有效应用于犬的各项训练。

犬训练用基础箱是一种非常有效的辅助训练工具，主要用于帮助犬养成良好的行为习惯和提高训练效果。以下是基础箱的作用、训练方法及注意事项。

1. 基础箱的作用

① 提供安全空间：基础箱为犬创造了一个安全、舒适的环境，类似于它

们的“私人空间”。这对缺乏安全感的犬尤其重要。

② 控制行为：对于犬的一些不稳定行为，可在基础箱内限制其活动范围，培养行为的稳定性。

③ 辅助训练：基础箱有助于规范犬的动作，使其更加标准和准确。在进行“坐”“卧”“立”等基本动作训练时，基础箱可以固定犬的位置，使犬习惯在原地不动的情况下完成指令。

2. 训练方法

① 选择合适的基础箱：确保基础箱的大小适合太仓犬，让它们能够舒适地站立、转身。选择一个坚固耐用防滑的基础箱，以保证训练顺利开展。

② 适应基础箱：训练初期，在箱内不断投放食物，引导犬在基础箱内多做停留，然后逐渐增加停留时间。在这个过程中，犬不断得到玩具或食物，在基础箱内给犬营造出愉悦的环境。

③ 利用基础箱进行训练：在基础箱内进行“坐”“卧”“立”“延缓”等科目基本动作的训练。当犬做出正确动作时，箱内与箱外结合给予奖励。

3. 注意事项

① 控制好训练强度：尤其是初期训练，应引导犬进入基础箱，不应简单粗暴，强迫犬迅速进入，防止犬出现压抑和焦虑。

② 避免将基础箱作为惩罚工具：基础箱是一个积极的训练工具，而不是惩罚犬的地方。如果犬将基础箱与惩罚联系起来，可能会对其产生抵触情绪。

③ 关注犬的情绪反应：在训练过程中，要密切关注犬的情绪变化。如果犬表现出极度的恐惧或不适，需要调整训练方法或暂停训练。

总之，基础箱训犬需要训导员具备足够的耐心和细心，确保训练过程对犬来说是积极和愉快的。通过正确的方法和适当的引导，基础箱可以成为训导员的得力助手，使犬养成良好的行为习惯，提高训练效率。

四、太仓犬服从能力训练方法

太仓犬服从能力训练方法应遵循因犬制宜原则，根据犬的行为特性、体型特征等有针对性地开展训练，训练方法也应较以往有所调整。

（一）坐

本科目常作为使用科目的初始动作，是培养其他科目的重要基础。

1. 训练目的

① 熟练掌握太仓犬“坐”的训练方法。

② 太仓犬能够在不同条件下，根据指挥正确完成“坐”的动作。

2. 口令动作、手势及形式

形式：正面“坐”、左侧“坐”（图 4-6）。

口令动作：“坐”，标准姿势为前肢垂直于地面，后肢弯曲，跗关节以下着地，头自然抬起，尾巴自然平伸于体后。

手势：正面坐——右大臂向外平伸，平行于地面，小臂向上伸直，与地面垂直，五指并拢，掌心向前，呈“L”形。

左侧坐——左手轻拍左腹部。

3. 训练器具

基础箱、响片、短牵引绳、衔取物品、奖食等。

4. 训练方法

（1）诱导辅助法训练正面坐　犬处于饥饿或半饥饿状态，训导员逗引犬的兴奋性，右手持食物将犬引至基础箱，待犬注意力集中后，右手迅速移至犬头上方，犬根据自身生理结构特征，跟随诱导抬头注视训导员右手时，出现坐姿，训导员立即按动响片，确认犬出现“坐”的行为，同时予以食物奖励；如犬未出现坐姿，训导员左手轻按犬的腰部，给予压力，直至犬呈现坐姿。多次重复以上训练，犬会通过主动高频地出现“坐”的动作来获得奖励。在此基础上，训导员站至基础箱的正面位置，奖食呈现在犬的面前时，下达“坐”的口令，将口令、动作和奖励进行组合匹配，继续重复以上训练，犬便形成了正面坐的行为和口令联系。

（2）诱导辅助法训练左侧坐　在犬有正面坐的基础后，训导员只需调整位置，立正姿态站在基础箱的右侧，引导犬至训导员左侧，下达“坐”口令，出现“坐”的动作后，予以奖励。多次重复训练，犬便适应在训导员左侧坐的行为。

（3）追手训练法训练正面坐和左侧坐　犬在食欲旺盛情况下，用大拇指将

图 4-6 正面“坐”和左侧“坐”

高价值奖食压于掌心，犬若想得到食物须跟随人手的运动轨迹而运动。当犬专注于跟随时，右手向犬运动相反方向，突然向上调整至犬头上方，并下达“坐”的口令，犬出现坐姿后，训导员立即按动响片，确认犬出现“坐”的行为，同时放松大拇指，使犬立即得到奖食。在此基础上，训导员也可将手握食物放于胸前或腰部，引导犬适应在训导员的正面或侧面，便可使犬完成正面坐和左侧坐。多次重复以上训练，犬便形成了“坐”的行为和口令联系。

（4）追物训练法训练正面坐和左侧坐　当犬对按压腰部有了肌肉记忆后，用衔取物品逗引犬，突然将物品压于脚下，或置于犬视觉可见但不可衔易于隐蔽的坑洞中。训导员用牵引绳控制好犬，杜绝犬的扒、咬行为，按压犬的腰部，下达“坐”的口令，犬出现坐姿后，立即按动响片，用衔取物品奖励犬。训导员也可将物品放于胸前或腋下，使犬的视线逐步上移，调整犬的位置便可使犬完成正面坐和左侧坐。多次重复以上训练，犬便形成了“坐”的行为和口令联系。

5. 注意事项

① 初期行为训练，奖励应注意时机，捕捉到坐的动作后，应将奖励的时间无限接近于零秒，即初期及时连续奖励，中期可间隔奖励，后期延迟奖励。

② 犬如果长时间未出现坐的动作，可人为在犬的腰部位置，用左手给予向下压力，使犬出现坐姿。犬的坐姿被强化多次，有了肌肉记忆，主动坐的行为才会频繁出现。

③ 奖励要有所变化，可在多次训练后，在基础箱外奖励犬，使人为对犬形成的压力得以释放。

④ 太仓犬的训练尽量不用较大的强迫手段，避免犬因压力过大，对“坐”科目产生厌烦、恐惧情绪。

⑤ 犬的坐姿应达到训练标准后才能获得奖励，对于坐偏等不正确、不规范的行为不予奖励。可纠正后再奖励，或解除掉现有动作重新开展训练，切忌粗暴纠正。

（二）卧

本科目是服从能力的重要组成部分，常作为使用科目的初始动作。同“坐”科目类似，“卧”科目易形成稳定的动作，利于犬对其他科目的理解。

1. 训练目的

① 熟练掌握太仓犬“卧”的训练方法。

② 太仓犬能够在不同条件下，根据指挥正确完成“卧”的动作。

2. 口令动作、手势及形式

形式：正面“卧”、左侧“卧”（图 4-7）。

口令动作：“卧”，犬前肢肘部以下着地并平伸向前，与体同宽，两后肢跗关节以下着地并收紧夹于腹部两侧，头自然抬起，尾巴自然平伸于体后。

手势：正面卧——右臂上举，然后直臂向前压下与地面平行，掌心向下。

左侧卧——右手掌在犬面前停止，手指方向与地面成 45°。

3. 训练器具

基础箱、响片、短牵引绳、衔取物品、奖食等。

图 4-7　正面“卧”和左侧“卧”

4. 训练方法

（1）诱导辅助法训练正面卧　犬处于饥饿或半饥饿状态，训导员逗引犬的兴奋性，右手持食物将犬引至基础箱，犬处于坐姿或立姿均可。待犬注意力集中后，训导员重心放低，右手迅速移至犬的前胸中心位置，太仓犬根据自身生理结构，前脚不动向后出现卧姿，训导员立即按动响片，确认犬出现“卧”的行为，同时予以奖食奖励；如犬未出现卧姿，训导员左手按压犬的肩胛，给予压力，直至卧姿出现。多次重复以上训练，犬会通过主动做出“卧”的动作来获得奖励。在此基础上，训导员立正姿态站至基础箱的正面位置，在强化物呈现时，下达“卧”的口令，将口令、动作和奖励进行组合匹配，继续重复以上训练，犬便形成了正面卧的行为和口令联系。

（2）诱导辅助法训练左侧卧　在犬有正面卧的基础后，训导员只需调整位置，以立正姿态站在基础箱的右侧，引导犬至训导员左侧，下达“卧”口令，犬出现“卧”的动作后，予以奖励。多次重复训练，犬便适应在训导员左侧卧的行为。

（3）追手训练法训练正面卧和左侧卧　在犬食欲旺盛的情况下，用大拇指将高价值奖食压于掌心，犬若想得到食物需跟随手的运动轨迹而运动。当犬专注于跟随时，突然向下降低高度至犬的前胸中心位置，犬根据自身生理结构，前脚不动向后出现卧姿，训导员立即按动响片，确认犬“卧”的行为，同时放松大拇指，使犬立即得到奖食。在此基础上，引导犬适应在训导员的正面或侧面，便可使犬完成正面卧和左侧卧。多次重复以上训练，犬便形成了“卧”的行为和口令联系。

（4）追物训练法训练正面卧和左侧卧　当犬对按压肩胛有了较深的肌肉记忆后，用衔取物品逗引犬，突然将物品压于脚下，或置于犬视觉可见但不可衔易于隐蔽的坑洞中。训导员用牵引绳控制好犬，杜绝犬的扒、咬行为，训导员按压犬的肩胛，同时下达“卧”的口令，因基础箱会限制犬的前脚移动，当犬前脚不动向后出现卧姿时，训导员立即按动响片，将衔取物品奖励犬。在此基础上，训导员可持物品放于腰部和腋下，使犬的视线逐步上移，调整犬的位置便可使犬完成正面卧和左侧卧。多次重复以上训练，犬便形成了“卧”的行为和口令联系。

5. 注意事项

① 初期行为训练，奖励应注意时机，捕捉到卧的动作后，应将奖励的时间无限接近于零秒，即初期及时连续奖励，中期间隔奖励，后期延迟奖励。

② 犬如果长时间未出现卧的动作，可人为在犬的肩胛位置给予压力，使犬前脚不动出现向后卧姿势，及时奖励。犬在多次训练后，便有肌肉记忆，受到轻微向下的压力便会出现卧姿。

③ 奖励要有所变化，可在多次训练后，在基础箱外奖励犬，使人为对犬形成的压力得以释放，提升和合理控制犬的作业欲望。

④ 尽量不用较大的强迫手段，避免犬因压力过大，对“卧”科目产生厌烦、恐惧情绪。

⑤“卧”科目易出现卧偏等不正确、不规范的行为，训导员应不厌其烦地及时纠正，或解除不正确动作，重新开展训练，切忌粗暴纠正。

（三）立

本科目是服从能力的重要组成部分，也是培养其他能力的基础。

1. 训练目的

① 熟练掌握太仓犬“立”的训练方法。

② 太仓犬能够在不同条件下，根据指挥正确完成“立”的动作。

2. 口令动作、手势及形式

形式：正面“立”、左侧“立”（图 4-8）。

图 4-8 左侧“立”

口令动作：“立”，犬前肢处于同一水平线，头自然抬高，尾巴自然放松。

手势：正面立——右臂在自然放松状态下以肩为轴，由下而上直臂前摆至水平位置，五指并拢，掌心向上。

左侧立——右臂以肘关节为轴，内收至胸前与地面平行的位置，五指并拢，掌心向上。

3. 训练器具

基础箱、响片、短牵引绳、衔取物品、奖食等。

4. 训练方法

（1）诱导辅助法训练正面立　犬在具备了“坐”“卧”的基础能力后，再开展“立”科目训练。训导员重心放低，引起犬的注意，右手持食物将犬引至基础箱。如犬的初始动作为坐姿，训导员右手向下的方向引导犬的上身重心向下，此时，犬跟随诱导物的移动，易出现立姿。如立姿较长时间未出现，可左手轻托犬的腹部，使犬出现立姿，且前脚不动，训导员立即按动响片，确认犬出现“立”的行为，同时予以奖食。多次重复以上训练，犬会通过主动做出

“立”的动作来获得奖励。在此基础上，训导员以立正姿态站至基础箱的正面位置，在强化物呈现时，从坐姿或卧姿向立姿转换，并下达“立”的口令，将口令、动作和奖励进行组合匹配，继续重复以上训练，犬便形成了正面立的行为和口令联系。

（2）诱导辅助法训练左侧立　在犬有正面立的基础后，训导员调整位置，以立正姿态站在基础箱的右侧，下达“立”口令，使犬从坐姿或卧姿向立姿转换，同样予以奖励。多次重复训练，犬便适应在训导员左侧立的行为。

5. 注意事项

① 奖励要注意时机，捕捉到立的动作后，初期行为训练，应将奖励的时间无限接近于零秒，中后期可间歇奖励和延迟奖励。

② 犬如果长时间未出现立的动作，可人为在犬的腹部位置，用左手向上给予压力，使犬出现立姿，犬在多次训练后，便有肌肉记忆，受到轻微向上的压力便会出现立姿。

③ 奖励要有所变化，可在多次训练后，在基础箱外奖励犬，使人为对犬形成的压力得以释放，提升和合理控制犬的作业欲望。

④ 尽量不用较大的强迫手段，避免犬因压力过大，对“立”科目产生厌烦、恐惧情绪。

⑤ 犬的“立”科目具有不稳定性，立的过程中犬脚容易向前移动。因此，训导员要控制好犬，利用好基础箱的固定功能、辅助调整姿势功能，规范犬的行为。

（四）延缓

本科目是服从能力的重要组成部分，是培养使用科目的重要基础。延缓能力直接影响犬作业的稳定性，是平衡犬神经活动的重要科目。

1. 训练目的

① 熟练掌握太仓犬“延缓”的训练方法。

② 太仓犬能够根据指挥正确完成“延缓”行为。

2. 训练内容

延缓科目，是指按照训导员的指挥，犬在一定时间和空间内稳定而相对静止地保持某一姿势不变的能力。延缓科目在训练中分为时间延缓、空间延缓、抗干扰延缓。延缓科目的口令、手势为所要求延缓的某一动作的口令、手势，如“坐”“卧”“立”等。

3. 训练器具

基础箱、响片、短牵引绳、长牵引绳、衔取物品、奖食等。

4. 训练方法

以下训练方法以“坐”延缓为例，其他延缓科目可参照此训练。

(1)“时间延缓”训练 可采取连续奖励、间隔奖励训练法。训导员调整好犬的状态，右手持食物将犬引至基础箱，待犬注意力集中后，左手控制好短牵引绳，防止犬前后移动，下达“坐”口令，犬出现坐姿后，右手在犬的正前方，连续不断地给予犬奖食，犬原地不动就会源源不断地获得食物，犬坐着不动的行为就会主动高频地出现。训导员逐步提升延缓时间至30秒后，按动响片将犬带离基础箱，充分奖励犬，并用积极的情绪与犬充分互动。多次重复以上训练，在连续奖励中多次穿插间隔奖励，且无规律奖励，犬的延缓时间就会逐步稳定和增长，待犬时间延缓能力稳定，可转入空间延缓能力训练。

(2)“空间延缓”训练 采取延迟奖励法。犬具备较稳定的时间延缓能力后，训导员走出距犬2m，如犬自动解除延缓，可让助训员持长牵引绳控制犬，防止犬移动；如保持不动，训导员立即回到犬身旁进行奖励。重复以上操作，逐步增加人犬距离，形成稳定的空间延缓能力。在此基础上，训导员由近及远，逐步消失在犬视线范围内，如躲在建筑物后，躲避的时间和范围逐步增加，不断提升犬的空间延缓能力。

(3)“抗干扰延缓”训练 犬的延缓训练需在复杂的环境下有针对性地开展，如在犬延缓训练过程中，训导员提前持牵引绳给犬短促刺激，施以压力，逐步叠加抛球、家禽、家畜、噪声等干扰因素。犬如解除延缓，需持续抖动牵引绳，直至犬重新回归原位坐姿不动，训导员立即予以充分奖励。多次重复以上训练，转至在人流量大、车流量大、声音嘈杂、黑夜、有刺激性气味等更为复杂的环境下开展训练。经过以上训练过程，犬的抗干扰延缓能力才能符合实际使用需求。

5. 注意事项

① 时间延缓能力培养过程中，训导员需保持耐心，不能急于求成。应依据犬的训练进度连续或间隔奖励犬的行为。

② 空间延缓能力培养过程中，应提前与助训员沟通好，犬解除延缓前，应给予犬压力提醒，尤其是延缓时间和距离过长时。

③ 奖励要多变且充分，使人为对犬形成的压力得以充分释放，犬对于奖励的喜欢程度，是消除压力和保持作业欲望的重要影响因素。

④ 抗干扰延缓能力培养阶段，干扰因素应遵循先单一再叠加的原则，如抛物不受干扰后，再增加拉拽、噪声等。

⑤ 尽量不用较强的刺激，避免犬因压力过大，对延缓科目产生厌烦、恐惧情绪等，切忌粗暴纠正。

⑥ 犬的延缓应达到训练标准后，才能得到奖励，对于自动解除延缓的，不予奖励或对犬的身体进行限制惩罚。

（五）随行

随行科目是服从能力的重要组成部分，是检验犬服从能力的重要衡量标准，是培养使用科目的重要基础。

1. 训练目的

① 熟练掌握太仓犬“随行”的训练方法。

② 太仓犬能够根据指挥正确完成“随行”的动作。

2. 口令、手势及形式

形式：牵引随行和自由随行，分为直线随行、变速随行、变向随行（图 4-9）。

口令：“靠”。

手势：左手自然下垂，轻拍左腿外侧。

3. 训练器具

基础箱、响片、短牵引绳、衔取物品、奖食等。

4. 训练操作

步骤一：犬具备在训导员左侧坐、卧、立的稳定能力后，训导员调整好犬的状态，左手持食物将犬引至基础箱，并站至基础箱右侧，根据太仓犬体型小的特点，训导员需降低重心以适应犬的高度。

步骤二：训导员令犬左侧坐，左手将食物握于掌心，左臂紧贴身体，根据太仓犬的体型调整手的位置，使犬从小拇指缝隙处连续得到食物。在此过程

图 4-9 “随行”训练

中，训导员多次快速抬起左手，又迅速下落喂食，随着及时奖励与间隔奖励相结合，犬会频频出现抬头注视食物的行为。

步骤三：犬适应左侧坐状态下训导员的奖励方式，训导员延长左手抬起与下落的时间，初期连续奖励，中期无规律间隔奖励，后期延时奖励，使犬形成兴奋、稳固的抬头意识。

步骤四：训导员逐步提高左手的高度至腰间，左手握空拳，虎口朝上，使犬头、左手、腋窝在同一条直线上，再继续及时、间隔、延迟奖励犬抬头注视的行为。将奖食或物品夹于腋下，将犬的注视区域转移至腋下，持续巩固犬的抬头意识。

步骤五：犬左侧定位能力和抬头锁定目标能力达到标准后，可训练犬随训导员前后移动。训导员可将犬转移至基础箱外，设置活动边界，使犬不易出现随行偏离，可借助墙体等建筑或物体来限制犬活动范围。训练初期，训导员下达“靠”的口令，控制前后行进步伐，左腿前进或后退一步，若犬抬头注视目标区域，便可奖励犬。随行的步伐规律及步数逐步改变和增多，不宜贪多，以免无法及时纠正犬不规范行为。犬前后移动是随着训导员左腿的移动而动，且始终保持抬头注视目标的区域，再开展前后行进的跟随训练。

步骤六：以上训练基础打牢后，方可增加随行距离和速度，同时要开展以人为轴或以犬为轴的变向、变速随行训练。

5. 注意事项

① 训练初期，训导员要重视基础训练，如抬头意识的培养、犬的定位培养，不可操之过急地开展下一阶段训练。

② 奖励时间的选择应根据犬的训练进度而定。初期行为训练，奖励的时间应无限接近于零秒，中后期可间隔奖励和延迟奖励，且奖励无规律。

③ 犬如出现随行超前、落后、偏离等行为，训导员可通过牵引绳的控制，进行加速、减速、变向调节，来纠正犬的不规范行为。

④ 奖励要有所变化，可在多次训练后，在基础箱外奖励犬，使人为对犬形成的压力得以释放，提升和合理控制犬的作业欲望。

⑤ 尽量不用较大的强迫手段或机械刺激，避免犬因压力过大，对随行科目产生厌烦、恐惧的情绪。

⑥ 随行是一系列动作形成的组合科目，犬在训导员左侧的坐、卧、立科目较为熟练后，再开展随行中的坐、卧、立科目。

⑦ 因太仓犬体型相对较小，要防止训导员在随行过程中踩到犬脚，或是牵引时无意识的机械刺激使犬产生恐惧或被动反应。

（六）前来

本科目是服从能力的重要组成部分，是使用科目的基础，是人犬合成作战的重要保证。

1. 训练目的

① 熟练掌握太仓犬“前来”的训练方法。

② 太仓犬能够在不同情境下，根据指挥正确完成“前来”的行为。

2. 口令、手势及形式

形式：“前来”科目含两个过程，即“来”和“归位”。

口令：“来”“靠”。

手势：“来”——左臂以肩关节为轴，由垂直地面状态外展至水平位置，掌心向下，五指并拢，再由水平位置以肩关节为轴内收至垂直地面状态。

“靠”——左手轻拍左腿外侧。

3. 训练器具

基础箱、响片、短牵引绳、长牵引绳、衔取物品、奖食等。

4. 训练方法

（1）诱导法训练前来　训导员提前准备好奖食或物品，在犬散放时，主动与犬保持一定距离，随即呼唤犬的名字，下达“来”的口令并结合手势，同时以下蹲的姿势引诱犬快速地前来；也可手持物品不断晃动引起犬注意，同时向相反方向做加速跑，使犬兴奋地追赶。训导员此时下达“来”的口令并结合手势，待犬到达训导员身边时，用食物或物品充分奖励犬“来”的行为。多次重复以上训练，犬根据口令和手势，具备快速、兴奋地前来至训导员身边的能力后，再开展左侧归位训练。

（2）助训员辅助训练法　助训员牵引犬，训导员用食物或物品逗引犬，犬注意力较为集中后，训导员迅速离开犬一定距离，犬追赶意愿比较强烈时，训导员下达“来”的口令并结合手势，此时助训员立即放开犬，犬跑至训导员身边时，充分奖励犬“来”的行为。多次重复以上训练，犬根据口令和手势，具备快速、兴奋地前来至训导员身边的能力后，再开展左侧归位训练。

5. 注意事项

① 训练初期，当犬兴奋地回到训导员身边时，不应急于令犬正面坐和归位，应先确保前来的兴奋度，再去规范前来和归位的行为。

② 太仓犬的前来应多用诱导训练，不宜多用长牵引绳机械刺激训练前来，根据太仓犬的体型特点，很难精准地掌握刺激的力度。

③ 如前来不顺利，可选择犬游散范围小的场地开展训练，小的范围容易让犬出现前来的行为，才能有机会强化前来的行为，否则鞭长莫及，影响训练效率。

④ 训练初期，前来不应与延缓同阶段训练，防止影响犬的延缓稳定性。

⑤ 尽量不用较大的强迫手段，避免犬因压力过大，对前来科目产生厌烦、恐惧情绪，害怕回到训导员身边。

（七）吠叫

本科目是服从能力的重要组成部分，常作为搜救、搜尸等使用科目的示警动作，持续的吠叫会给训导员明确清晰的反馈，同时也是奖励犬和调整犬兴奋性的训练手段。

1. 训练目的

① 熟练掌握太仓犬“吠叫”的训练方法。

② 太仓犬能够在多种条件下，根据指挥正确完成“吠叫”的行为。

2. 口令、手势

口令：“叫”。

手势：右手食指在胸前，面向犬上下点动。

3. 训练器具

基础箱、响片、犬笼、短牵引绳、衔取物品、奖食等。

4. 训练方法

（1）食物反射法　训练初期，可在犬舍内进行，在犬处于饥饿或半饥饿状态下，训导员手持犬盆站在犬舍门外逗引犬，犬急于得到食物表现异常兴奋。此时，训导员转身向后退，边退边转身下达“叫”的口令并结合手势，犬吠叫出声音，训导员立即返回犬身边进行充分奖励。多次重复以上训练，并经常变换训练场景，使犬在不同情境下根据训导员的口令、手势进行吠叫。

（2）猎取反射法　对于衔取兴奋、占有欲强的犬，最方便、快捷的训练方法便是利用猎取反射开展训练，可单犬或多犬同时逗引衔取，犬急于得到物品，极易出现吠叫行为，出现吠叫后立即用物品奖励犬。多次重复以上训练，即可转入犬拴系状态逗引吠叫，再过渡到犬自由状态逗引吠叫。

（3）防御训练法　助训员扮演陌生人，利用犬的防御反射，在犬舍外来回走动，动作幅度逐步变大，由远及近靠近犬，犬因陌生人闯入其“领地”而异常警觉。训导员此时不断下达“叫”的口令并结合手势，犬吠叫后，训导员立即回到犬身边予以奖励。也可将犬拴系，助训员站在训导员身后佯装做攻击姿态，引起犬的护主心理，进而出现吠叫行为。

（4）自由反射训练法　禁锢犬在笼内较长时间而未自由活动，当训导员出现后，犬急于出犬笼获得自由。此时，训导员下达“叫”的口令并结合手势，犬吠叫后，训导员立即打开犬笼，并予以充分奖励。

（5）嫉妒心理训练法　将犬拴系，训导员牵引另一陌生犬，进行衔取、喂食、互动、游戏等行为。当犬嫉妒心理达到一定程度时，表现极为急躁。此时，训导员下达“叫”的口令并结合手势，犬吠叫后，训导员立即回到犬身边予以充分奖励。

5. 注意事项

① 吠叫训练应根据犬的性格特征与喜好选择训练方法，食欲强则可利用食物反射法开展训练，衔取欲望强则可利用猎取反射法开展训练。

② 吠叫训练一般建立在犬具备稳定的“坐”延缓能力的基础上。

③ 训练初期，杜绝连续频繁地令犬吠叫，避免犬因迟迟得不到奖励，而产生抑制和厌烦情绪。

④ 犬只做吠叫动作而不吠叫出声音，训导员应停止奖励，待犬规范叫出声音后予以奖励。

（八）衔取

本科目是服从能力的重要组成部分，是太仓犬应具备的基本作业素质和作为工作犬选材的重要标准，是使用科目的重要基础。犬根据训导员指挥，能够兴奋而迅速地将物品衔在口中，主动交回给训导员，在整个过程中，不出现咬、嚼、自动吐物等行为（图 4-10）。

1. 训练目的

① 熟练掌握太仓犬“衔取”的训练方法。

② 太仓犬能够根据指挥正确完成“衔取”（图 4-11）。

2. 口令、手势及形式

形式：抛物衔取、送物衔取。

口令：“衔”“吐”。

手势：右手指向衔取物品。

3. 训练器具

基础箱、响片、衔取物品、长牵引绳、奖食等。

图 4-10 “衔取”行为

图 4-11 “衔取”训练

4. 训练方法

太仓犬的衔取训练应具备兴奋性、持久性、多样性、规范性等特性，要衔取有力。受训太仓犬开展衔取训练时，应多开展集体逗引、拔河游戏等训练，培养衔取的兴奋性和持久性；准备多种多样的衔取物品作为逗引犬的物品，也可作为强化物，培养衔取的多样性；通过正向、积极的管理和引导培养衔取的规范性。受训太仓犬具备“前来”“坐”延缓的基础能力后，运用以下步骤训练和提升犬衔取的能力。

步骤一：在清静的环境下，根据太仓犬行为特征，选择犬感兴趣而又易衔取的物品（如木棍）来吸引犬的注意。训导员将犬引至基础箱，并放低重心（蹲姿或坐姿），右手持物品置于犬面前。训导员捕捉犬因探求出现鼻子接触或者直接衔取木棍的行为，立即按动响片，强化犬出现鼻子与木棍接触和直接衔取的行为，及时予以奖食。这里需要强调的是，犬鼻子与木棍接触是作为塑造最终出现衔取行为的起始行为。多次重复以上训练，犬因高价值的食物奖励，衔取将高频率地出现。

步骤二：随着训练的深入，训导员在连续奖励犬衔取行为的过程中，采取间隔、延迟奖励方式，以提升犬衔取物品的持久性和专注度。

步骤三：对衔在犬嘴里的物品进行试探性拉拽，犬不吐物品，训导员立即按动响片，予以食物奖励。拉拽的力度逐步增加，提升犬衔取的稳定性，同时防止犬在训导员下达“吐”口令前自动吐物。

步骤四：在犬的视线范围内，将衔取物品抛出，训导员下达“衔”的口令并结合手势，当犬将物品衔回交与训导员手上时，下达“吐”的口令，立即予以充分奖励。

步骤五：准备 5 种衔取物品，并测试犬对各类物品喜欢的等级，由高到低依次排序。将最低等级物品先给犬衔取，训导员手持高于此物品等级的物品作为奖励物品强化犬，5 种物品各作为衔取物品和相应的奖励物品循环一次，结束训练。

步骤六：以上能力稳固后，可开展远距离的抛物和送物衔取。

5. 注意事项

① 应在犬的视线内，用衔取物品对犬充分逗引，欲望适中后再令犬衔，不能让犬轻易得到衔取物品，也不能逗引时间过长，导致犬衔取欲望下降。

② 开展衔取行为训练，应先确定一个初始行为和最终行为，通过衔取行

为的逐步塑造，它能够在同一类反应的维度上逐步走向最终行为。

③ 为保持犬的兴奋性，应控制训练衔取的次数，不能连续过多。

④ 为防止犬早吐物品，训导员的接物动作不宜突然，食物奖励不应过早，在按动响片或下达“吐”口令后吐物才予以奖励。

⑤ 培养犬按训导员指挥进行衔取的良好服从性，应制止犬随意乱衔物品的不良习惯。

（九）前进

本科目是指受训太仓犬能够按照训导员的指挥迅速而独立地前行，并能在前行过程中根据指挥随时转身卧下。前进科目体现着犬良好的服从性，培养太仓犬根据指令快速、精准向目标方向行进的能力，为搜尸、搜救等搜索类科目奠定基础。前进科目包含两个过程，即“去”和“卧”，且要求犬对“卧”的环节稳定、迅速。

1. 训练目的

① 熟练掌握太仓犬“前进”的训练方法。

② 太仓犬能够在不同条件下，根据指挥正确完成“前进”的动作。

2. 口令、手势

口令：“去”或“前进”“卧”。

手势：右臂以肩关节为轴，由垂直地面状态向前伸至水平位置，掌心向里，五指并拢。

3. 训练器具

塑料板、响片、麻棒、衔取物品、奖食等。

4. 训练方法

（1）标的物训练法　首先，确保犬能在高速跑动中完成“卧”的动作，犬在具备稳定的“卧”科目的口令手势联系后，训导员手持绳球兴奋逗引犬，在犬跟随绳球高速跑动过程中，突然下达“卧”的口令，同时伴随牵引绳短促向下的刺激，犬在压力之下完成“卧”的动作，训导员立即令犬衔取，予以充分奖励，释放刺激带来的压力。多次重复以上训练，形成犬在高速运动中根据指令卧下的能力。

其次，在清静环境下，选择带有颜色且犬视觉可识别的塑料板放于犬面前2m处，助训员提前将奖食放置于塑料板上，当犬得到塑料板上的奖食后，助训员连续投食。在犬兴奋度适中时，将犬继续牵至离塑料板2m处并放犬，下达“前进”口令并结合手势，当犬脚踩到塑料板得到奖食的同时，训导员按动响片，并兴奋地跑至犬身边再次进行强化。多次重复以上训练后，变化训练方式，在塑料板上不放任何奖食，待犬脚踩到塑料板时，下达“卧”的口令并结合手势，犬根据指令卧下后，训导员迅速跑至犬身边，予以充分奖励。

最后，训导员不断增加犬前进的距离，塑料板的大小也要根据犬的能力进行调整，塑料板从大到小、从小到无，犬在适应前进的各环节训练后，相比于前进距离、塑料板的有无，犬更关注的是奖励的方式。具备以上能力后，训导员要多变化训练场景和奖励的方式，达到前进科目与实际应用有机结合的目标。

（2）猎取反射训练法　首先，同标的物训练法训练方式相同，训练犬在高速跑动中完成“卧”的动作，将“卧”科目训练稳固且迅速后，再开展下一步训练。

其次，选择环境清静的草地，初期训练时，训导员将球放于犬的面前2m处（此处为固定位置），鼓励犬去衔取，下达“前进”口令并结合手势。当犬直接衔取到球时，训导员按动响片，并兴奋跑至犬身边与犬互动。多次重复以上训练后，在相同的目标位置挖洞，将球放置于洞内，前进距离调整至5m，令犬前进。之后调整训练方式，在洞内不放球，令犬前进。当犬即将到达洞的位置时，训导员立即令犬卧下，犬如根据口令立即卧下，训导员立即取出绳球，令犬来衔，予以充分奖励；如犬未根据口令卧下，助训员可到达犬身边令犬卧下，同时训导员取出绳球，令犬来衔，予以充分奖励。

最后，训导员不断增加犬前进距离、变化训练场景，使犬在不同情境下，能稳固、迅速地完成“前进”科目。

5. 注意事项

① 前进训练分为“去”“卧”两个环节，要求两个环节各自都训练较为熟练后再进行组合。

② 前进训练中，“卧”的训练频率要显著低于“去”的训练频率，防止犬前进速度慢、动力下降。前进的奖励方式也应根据犬的训练进度而调整，回到犬身边奖励和令犬跑回训导员身边奖励相结合。

③ 对于兴奋度相对较低的犬可采取猎取反射训练法。对于兴奋度过高的犬可用标的物训练法，平衡其神经活动，冷静的犬训练效率更高。

④ 在训练“卧”时，牵引绳短促刺激的力度，应单独在训练“卧”科目时去尝试探索，不宜在训练“去”和“卧”科目时去尝试性训练，防止刺激力度过大产生不良联系。

（十）禁止与拒食

本科目是指为了纠正受训太仓犬乱咬人、家畜、家禽等不良行为，以及制止犬随地捡食和接受他人食物、乱衔物品的恶习，防止发生意外事故。本科目训练，使犬在搜毒、搜爆、搜尸等实际使用中，能抵抗食物的诱惑，消除乱咬、乱扒等不良行为。

1. 训练目的

① 熟练掌握太仓犬“禁止与拒食”的训练方法。

② 太仓犬能够在不同条件下，根据指挥正确完成“禁止与拒食”的行为。

2. 口令

口令：“非”。

3. 训练器具

长牵引绳、响片、衔取物品、奖食等。

4. 训练方法

替代行为训练通过重塑受训太仓犬的决策逻辑，将“不能做”转化为“应该做”，在维持工作动力的同时实现行为矫正，实践“疏而非堵”的训犬理念。训导员需掌握“预判—引导—强化”的训练机制，通过多次重复训练，建立稳固的神经反射。在实战中，训导员应定期进行“行为回溯训练”，通过场景复现强化长期记忆，确保警犬在复杂环境中始终保持可靠的行为控制力。

(1) 替代行为应用于禁止科目　替代行为法通过建立“触发刺激→替代行为→强化奖励”的行为链，在不良行为启动前完成行为路径的转移。首先，选择清静环境固定区域，训练犬坐并注视训导员，予以食物或物品强化。结合日常训练，在相似的环境下，将犬带到有车辆、行人、家禽、家畜等活动的地方。以犬喜好追逐家禽为例，先在目标环境内多次强化犬坐并注视训导员的行为，再设置家禽经过，预判犬要发生追逐或出现攻击行为前，训导员控制好牵引绳，当犬根据训练记忆，主动出现坐（“坐”是替代行为）的行为，并注视训导员，训导员立即予以食物或物品奖励。如犬继续攻击、追逐家禽而迟迟不坐，训导员可拉紧牵引绳，提高脖圈，待犬“坐”的动作出现，立即予以物品奖励。多次重复以上训练，犬在类似环境下，训导员将“非”的口令下达在犬主动“坐”的行为前。对于人犬距离较大的情况，训导员应提前布设模拟场景，用长牵引绳控制犬，继续采用替代行为训练，增强对禁止行为的管理效果。

（2）替代行为应用于拒食科目　首先，选择清静环境固定区域，训练犬坐并注视训导员，予以强化。多次重复训练后，犬在此区域出现坐的频率就会显著提高。提前将少量食物（食物量由少到多）放在该区域，训导员控制好牵引绳，牵犬逐步靠近该区域，当犬根据训练记忆，主动出现坐（“坐”是替代行为）的行为，且未去捡食地上的食物时，训导员立即予以食物奖励。如犬吃地上食物欲望过大而迟迟不坐，训导员可提高脖圈，拉紧牵引绳，后退一步并下达“坐”的口令，当犬出现坐的动作并注视训导员时，立即予以食物奖励。不断重复以上训练，建立“发现诱惑食物→注视训导员→获得奖励”机制。在以上训练的基础上，逐步增加环境泛化因素，如增加诱惑食物的种类、加大诱惑食物的覆盖面积等，在每个干扰增量变化时，只要犬出现替代行为就应立即给予奖励。对于陌生人投喂食物时，同样遵循此方法。

5. 注意事项

① 诱惑食物的刺激应由小到大，逐步增加难度，以保证犬的替代行为高频率地出现。

② 脖圈和牵引绳对犬的压力应因犬而异，必须适合犬的神经类型和体质情况，以免产生不良后果。

③ 替代行为的奖励方式应不断变化，准备多种形式的奖励食物或物品来强化。

④ 若禁止训练造成犬过分抑制而影响其他科目训练，应暂时停止这一训练，以缓解犬的神经活动过程。

⑤ 禁止与拒食训练应坚持常态化开展，要不断地进行巩固训练。

第四节　示警能力训练

一、示警能力训练概述

本训练结合近几年对太仓犬的训练使用研究成果，以操作式条件反射为核心理论框架，通过“行为—结果”的关联机制，建立太仓犬的示警行为模式，将复杂的示警行为链拆解为多个可逐步强化的子步骤，使示警能力达到实际使用标准。

（一）概念

示警能力训练，是指培养犬发现特定气味或与所附嗅源相同气味的物品时，对该物品的具体位置做出某种定型动作来进行示警的反应能力。

（二）分类

根据对太仓犬目前的研究，开展了搜毒、搜爆、血迹搜索、搜救、搜尸等专业训练，不同训练科目的示警方式也有所不同，按照太仓犬常见的示警动作可以分为坐、卧、吠叫。根据太仓犬的生理结构特征，“坐”“卧”示警主要应用于搜毒、搜爆；吠叫示警主要应用于搜救、搜尸。其中搜救科目分为有嗅源搜救和无嗅源搜救，可借助鉴别罐内人体气味和搜救箱内气味进行鉴别。通过鉴别训练，太仓犬可以在搜救过程中排除干扰气味，使搜救更为精准。

（三）目的与要求

培养犬搜索发现目标物气味后，以坐、卧、吠叫等示警方式向训导员指示目标物（含人）的所在位置。迅速、果断、及时地对搜索目标物所在位置做出正确示警，且不衔、不扒、不舔、不咬。

二、示警能力训练方法

示警行为的建立是一个行为链形成的过程，行为链是指一系列用刺激连接在一起的反应。行为链可采用顺向串链和逆向串链两种方式。顺向串链：建立起一个行为链中的第一个环节，然后依次加入后续的环节，直到掌握最终环节。逆向串链：建立起一个行为链的最终环节，然后加入之前的环节，直至初始环节被掌握为止。

太仓犬示警行为的串链即为：嗅源定位→目光锁定→标准示警姿势保持→环境泛化。为建立太仓犬示警行为的基础意识，可采用以下基础训练方法。

（一）基础能力培养阶段

1. 追手训练法

在清静环境下，训导员右手将食物握于掌心，大拇指按压住食物，逗引犬至兴奋状态。

第一阶段，训导员降低拇指按压食物的力度，使犬连续不断地得到奖食。训导员引导犬向后做直线运动，使犬跟着手的活动轨迹而运动，可先由直线到曲线，正向转圈再到后退转圈，随着训练的深入，手里的奖食逐渐减少，连续得到食物变为间隔得到食物，逐步培养犬随手而动的稳定性、兴奋性，不断增强其理解能力。

第二阶段，训导员应结合下一步使用科目的示警动作进行针对性训练。以"坐"作为示警方式为例，犬在随手而动时，根据太仓犬的体型特点，突然调整手的诱导位置，当犬出现坐的动作时，训导员按压响片，予以食物奖励。

第三阶段，重复以上训练，训导员左手控制好牵引绳，在犬坐姿的基础上，将握有奖食的右手突然拉远 10cm，在牵引绳的作用下，犬会注视右手而不向前移动，右手立即拉回，予以犬食物奖励。多次重复以上训练，当训导员持食物的手拉远时，犬会保持坐姿不动，始终注视握奖食的右手。此时，训导员可放松牵引绳，并拉远右手，刻意停顿 2～3 秒，再拉回，奖励犬，停顿时间也随着能力水平的提高逐步增加，培养犬稳定的目光锁定能力。

第四阶段，犬具备随手运动而运动，随手静止而保持目光锁定、坐姿不动的能力后，调整握有食物的右手的高度，目的是模拟实际搜索目标物的高度，由高到低交替转换，使犬提前适应各种示警位置的高度。

2. 追物训练法

在清静环境下，训导员右手持绳球，左手控制好牵引绳，逗引犬至兴奋状态。

第一阶段，犬在跟随球运动时，训导员突然将球置于地面，同时控制好牵引绳。犬在过于兴奋时表现为强烈的衔取欲望，训导员通过牵引绳的短促抖动，给犬施加压力以平衡犬的神经活动。当犬冷静后注视绳球，训导员立即按动响片，放开牵引绳，令犬衔球，随之与犬拔河，进行再次强化。多次重复以上训练，常变换绳球放置的高度，并强化注视目标的行为。目标移动，犬的视线也应随之而动，使犬不断增强行为链中目光锁定的能力，为相应的示警训练打下基础。

第二阶段，加大训导员兴奋的逗引力度，不断变化逗引物品种类，严格控制在日常训练中的衔取次数，增加犬对目标锁定的时间，平衡犬想衔取的冲动，防止犬出现扒、衔的行为。

第三阶段，继续开展以上训练，犬锁定绳球的同时，助训员给犬的腰部施加向下的力，辅助犬出现坐的动作，当行为出现时，训导员立即按动响片，放松牵引绳，令犬衔球。多次重复以上训练，逐渐减少牵引绳的控制，犬便会主动高频地出现坐着锁定目标的组合行为。

以上两种基础方法可作为培养受训太仓犬坐、卧示警行为的切入点，吠叫示警也可参照执行，是开展犬发现目标气味时示警动作的链接环节，起到事半功倍的作用，使犬更容易理解训导员意图，为示警能力培养打下坚实基础。

（二）能力提升阶段

由于目标气味的载体多种多样，按照平面、立体、隐蔽空间等搜索形式分类，犬的气味联系与示警动作的链接也有多种形式，包括气味球训练法、鉴别罐训练法、搜索墙训练法、奖励机械装置训练法等。

根据太仓犬的生理特征，示警动作常以“坐”为主，从示警训练的初始行为转变为最终行为，逐步对示警行为链进行塑造。以鉴别罐训练法为例，开展气味联系与示警行为的链接。

步骤一：训练初期，在清静的鉴别室环境下，训导员提前将绳球放于鉴别罐内，并放置于鉴别室中心。带犬进入鉴别室，犬在熟悉环境过程中，会对鉴别罐进行探求并发现罐内绳球，在前期追手训练和追物训练的基础上，犬之前被强化过坐着注视（目光锁定）绳球的行为，因此极易出现坐的动作，当示警动作出现时，训导员立即按动响片，将绳球抛给犬予以充分奖励。

步骤二：训导员将爆炸物、毒品等原物或沾染气味的纱布替代绳球放于鉴别罐内，重复步骤一。经过气味联系的培养训练，犬会对目标物气味进行示警，训导员立即按动响片，用食物连续强化犬坐着注视鉴别罐的示警行为，最后抛球给犬予以充分奖励。奖励结束后带离鉴别室，并将绳球抛回鉴别室内，保留余兴。

步骤三：在以上训练基础上，逐步增加鉴别罐的数量，并在鉴别罐内加入犬粮、香皂、无气味纱布、无气味塑封袋、球等干扰物品，逐步培养犬的分化能力、示警能力、抗干扰能力。

步骤四：在犬示警过程中，逐步增加人为拉拽牵引绳抖动脖圈、轻拍犬的身体、拉拽犬的四肢等干扰因素。在人为干扰下，如犬仍能恢复标准示警动作，训导员立即按动响片，予以充分奖励，此举目的为培养犬示警动作的稳定性。犬示警的同时，人依然以正常步伐往返行进，犬如未受训导员来回移动的影响而破坏示警动作，训导员立即按动响片，予以奖励，此举目的是为搜索未知条件或气味封闭条件打基础，培养犬示警的专注度，使其不受训导员步伐或移动的影响。多次重复以上训练，犬形成示警的基础能力后，便可开展能力复杂化阶段训练。

（三）能力复杂化阶段

此阶段主要内容为环境泛化训练，包含环境脱敏训练和抗干扰训练。此阶段系统性训练旨在使犬逐步适应实际使用中诸多不确定的影响因素，使犬在不同场景中稳定示警。其核心目标：在室内封闭空间、城市街道、野外等场景中保持一致的示警能力；在特殊气候（暴雨、高温、低温）和复杂地形（山地、废墟）条件下展现优秀的适应性；在静态干扰（障碍物、摆件）、动态干扰（噪声、人群、气味混杂、家禽、家畜、抛球等）时维持作业的精准度。

1. 训练内容及场景布设

针对以上训练目标，应开展有针对性的训练设计。一是在室内相对封闭的空间设置目标物气味，逐步增加狭窄通道、光滑地面、反光玻璃等多种干扰条件。二是在城市街道环境下，设置目标物气味，逐步增加车流、行人、噪声等多种干扰条件。三是在野外环境下，逐步增加灌木丛、泥泞地面、陡坡、不同温度等多种干扰条件。同时准备好犬的防护装备，如防滑爪套、关节护具、牵引绳等。

2. 训练方法

（1）分阶段渐进策略　第一阶段：增加单一干扰因素，如布置静态的障碍物干扰犬，若犬不受干扰，出现正确示警行为，应及时奖励。多次重复训练，连续奖励、间隔奖励、延迟奖励依犬的训练进度而定。

第二阶段：双干扰因素叠加，在犬对布置静态障碍物适应的基础上，再播放背景噪声加以干扰。

第三阶段：全要素复杂环境训练，如动态干扰与极端气候共同干扰。

（2）精准控制训练强度　每两天新增 1 种干扰类型；单次训练增加干扰因素不超过 2 种。

（3）交叉训练法　场景轮换训练：每日切换 2～3 种场景，如上午在城市街道开展示警训练，下午在野外废墟等环境下开展示警训练。

同一目标物在不同场景中隐藏，如将毒品、爆炸物隐藏在车内、树洞、瓦砾下。

组合训练：多犬协作训练。根据太仓犬的捕猎特性，存在团队协作、分工配合的情况。因此，可分别令 A 犬、B 犬、C 犬等在同一情境下示警，再分别组合进行示警训练，逐步培养太仓犬团队对同一目标示警的协同作战能力。

设置压力缓冲区域：在训练场边缘划定休息区，配备饮水处、休息处。每完成 3 次成功示警，给予 5 分钟游散时间，释放压力、焦虑等。

3. 抗干扰训练

此阶段训练分为静态干扰和动态干扰，静态干扰包括障碍物、摆件；动态干扰包括人流、家禽、家畜、抛球、与犬身体接触。此阶段训练是警犬示警能力实战化的重要环节，在确保犬只身心健康的前提下，稳步提升示警可靠性，维持作业精准度。

三、常见问题及解决办法

（一）示警动力不足

主要原因：一是犬在作业中未处于饥饿或半饥饿状态，食物效力下降；二是作业前犬对衔取物品的欲望不足，训导员未控制好衔取次数或衔取物品种类单一，犬有厌烦情绪；三是训练量过大，犬的兴奋度、体能均随之下降。

解决办法：一是训导员应对阶段训练做出统筹计划，其中犬的进食量是计划之一，结合太仓犬的食物动力，在保证犬体健康的基础上，应严格控制好阶段性训练中的进食量，从早上至晚间，各时间段训练的计划都应协调统一。二是训导员应在训练前，测试犬对物品衔取的欲望，用不同种类的衔取物品进行逗引，找出适合作为奖励的一类物品。三是科学合理地安排训练计划，训练不能贪多，应见好就收，保持余兴。

（二）嗅认不仔细，乱示警

主要原因：一是犬在气味联系与示警动作的链接环节中，“坐”示警的神经活动强于嗅认分化，建立了只要做出示警动作、无需分化就可获得奖励的错误联系；二是犬在作业前过于兴奋，急于得到奖励；三是训导员在训练中给予犬的压力过大，导致犬想通过乱示警行为逃避训练；四是目标物隐藏的区域单一，重复过多，使犬对固定位置产生条件反射，导致犬投机取巧，不仔细嗅认和分化，出现乱示警行为。

解决办法：一是通过重新建立行为链，将“嗅认—定位—示警”拆分为多个独立环节，分步骤强化训练。调整和重组及时奖励、连续奖励、间隔奖励、延迟奖励等，重新做好如何得到奖励的链接。再设置对比条件，分别在有气味和无气味的条件下，对有气味条件下的正确示警行为进行奖励，在无气味的条件下对未示警行为不予惩罚或奖励。二是太仓犬性格中最为显著的特点便是活泼好动与兴奋性高。因此，在训练前，应通过平衡神经活动使兴奋度适中，可采取“坐”延缓或消耗体能的方法，使犬冷静下来。三是太仓犬对于一些较强的机械刺激较为敏感，训导员应控制不良情绪及过激行为，避免犬因压力过大而过度紧张，出现乱示警的行为。四是训练时间、场地和目标物的隐藏位置要经常变动。

（三）错误示警

主要原因：一是未控制好训练进度，犬的能力还未达到相应要求，如气味分化能力不足，加入过多干扰气味或降低目标气味浓度。二是环境脱敏能力不足，短时间内叠加过多干扰因素，如人流、高温、噪声等。三是犬过于关注人为操作，对训导员的一些操作、下意识行为产生了不良联系，形成错误的信息暗示，如牵引绳的松弛程度、掏球动作、行走速度等。

解决办法：一是训练过程采取螺旋式上升的能力提升方法，训练的条件也应“循序渐进，难易结合”，要客观，符合训练实际进度。二是应持续开展常态化的环境适应性训练，对于复杂的地形、气候条件等应渐进式地熟悉和适应。三是在示警能力培养阶段，应单独针对人为操作对犬形成暗示的问题进行训练，继续将示警动作拆分为多个单独子步骤，将训导员常出现的不良行为在示警动作形成阶段进行去泛化训练和去干扰训练，即嗅源定位→目光锁定→标准示警姿势保持→环境泛化，使犬专注于作业形式，不受人为动作干扰。

（四）示警不果断

主要原因：一是对目标物的气味联系不牢固；二是犬的示警稳定性不够，急于求成，不断拉长延迟奖励的时间，造成犬对示警动作犹豫不决。三是犬的作业欲望不强；四是训练过程中训导员对犬的作业标准不高，不断迁就犬，造成犬不示警也无任何惩罚。

解决办法：一是继续开展强化目标物气味联系训练，使犬重新对目标物气味建立兴奋联系。二是犬示警行为的奖励方式由及时奖励、连续奖励、间隔奖励、延迟奖励组成，根据犬的示警能力决定采取哪种奖励方式，应遵循循序渐进原则。三是通过训练管理和高价值奖励物进一步提升犬的作业欲望和动力。四是对于太仓犬的训练，如犬在开展示警训练时表现为毫无压力，训导员可采取短暂的身体限制，将牵引绳拴短拴紧或关进狭小空间内进行惩罚；或终止训练，带回犬舍，使其当天失去与食物或玩具接触的机会。

（五）示警不规范、不准确

主要原因：一是训导员未把握好奖励的时机。二是初期训练时训导员捕捉犬正确行为的意识不足，随着训练的深入，出现扒、舔、拱、衔的行为也未加以制止，不注意操作细节。三是犬锁定目标的精准度不够，定位能力不足，未开展针对性训练。

解决办法：一是训练初期捕捉犬正确的行为，及时奖励应无限趋近于零秒，才能使正确的行为主动高频地出现。二是对于非目标行为的出现，训导员应在训练服从科目时便建立规则界限，使犬迫于失去与强化物再次接触的机会，而不断降低非目标行为出现的频率，训导员尤其应注意的是，搜爆示警动作的规范性尤为严格。三是往往出现示警位置偏差的情形，多数解释原因是空气流动使犬在远距离嗅到气味而示警。但是，侧面也体现出犬的示警精准度不足。可借助搜索墙进行训练，采取网格定位法，将搜索区域划分为 0.5m×0.5m 的网格，要求犬示警精确到单个网格，使犬示警的位置更为精确（图 4-12）。

图 4-12　借助搜索墙训练

第五章

太仓犬使用能力训练

第一节　太仓犬搜尸能力训练

一、目的与要求

培养犬在各种作业条件下，能按训导员指挥，有序完成作业区域的搜索，快速捕捉目标气味，并做出正确的示警行为。犬作业过程积极主动、细致认真、兴奋持久。

二、训练条件

（一）气味源

1. 尸块

尸块是指从尸体上分离出来的部分，通常是由于尸体被切割或破碎而形成的身体部分。尸块可以是尸体的一部分，如肢体、器官等，也可以是更小的碎片。在法律上，尸块是指自然人死亡后所遗留的躯体的一部分，包括遗骨、头发、肢体等，其中的蛋白质、脂肪和碳水化合物经过微生物的一系列化学分解产生了腐败性气味。例如，尸胺，又名 1，5-戊二胺、1，5-二氨基戊烷、尸毒素等，是尸臭的主要气味来源之一。由于存在腐蚀性且很容易滋生细菌，产生有害物质，尸块组织一般存放在玻璃或塑料密闭容器中，放入冰箱保存，在训练中要做好相应的防护措施。

2. 尸蜡

尸蜡是一种特殊的尸体保存现象，指尸体在特定环境（如潮湿、缺氧、低温等）下，脂肪组织发生皂化反应，形成灰白色或黄褐色蜡状物质覆盖体表或器官的现象。尸蜡气味有助于提高犬的作业能力。

3. 霉变尸块

研究发现，尸块在潮湿阴冷的环境中易引发霉变。霉变的尸块一般呈暗灰色，质地软烂，其气味也有所改变，会产生一种类似腐败树叶的气味。

4. 尸体土

当尸体的肌肉、脂肪等组织在土壤中掩埋一段时间后，腐败分解产生的组织液等与土壤混合产生黏土状的变性物质，其气味复杂，并且随着时间的推移，很难通过肉眼辨别。

5. 家畜尸体

在实际案件现场中，可能存在掩埋畜、禽尸体的情况，因此要准备猪、牛、羊、鱼、鸡和鸭等常见畜、禽尸体作为干扰。

6. 其他关联气味

埋藏的尸体往往不会单一出现，常混合有衣物、包装物和填充物的气味。对于受训犬来说，寻找的目标气味是综合性的。同时，也要注意引入一些新奇气味。

（二）训练物品

衔取物品如网球、毛巾卷、咬棒等。

训练时，可通过犬的捕猎动力，将训练物品与尸体气味有机结合，促进气味联系的建立，提高训练成效。例如，可以用毛巾、纱布等棉制品沾染尸体气味给犬衔取，也可以将尸体组织放置于带孔的 PVC 管中，插入空心球中让犬衔取，还可以缝制进咬棒内部让犬衔取。太仓犬体型小，选用适口性好、体积合适的衔取物品更有利于培养其捕猎动力。

图 5-1　响片

还有响片（图 5-1），鉴别罐（图 5-2），控制引导性装备如牵引绳、长绳、电刺激脖圈（图 5-3）、警戒带、伸缩棒、激光笔等，钢钎（图 5-4），以及其他用具如剪刀、铲子、锄头、一次性手套、镊子、塑料桶等。

图 5-2　鉴别罐

图 5-3　电刺激脖圈

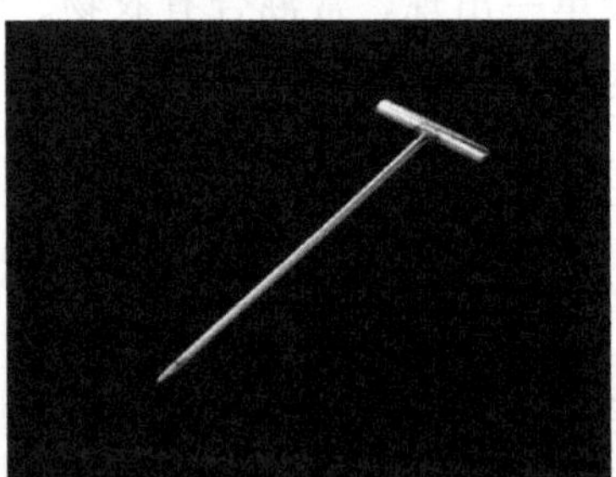

图 5-4　钢钎

三、训练步骤和方法

（一）基础能力训练

1. 动力培养

（1）食物动力培养　太仓犬食欲旺盛，因此在训练过程中可利用食物动力培养其作业能力。可以将日常饲喂融入训练，并按犬的偏好对食物进行分级，通过阶梯式奖励提升犬训练动力。

操作方法：将盛有不同食物的食盆围成一圈置于封闭空间内，牵引犬依次经过，然后解开牵引绳带犬至食盆中心，令其自由摄食，观察犬的进食顺序，记录犬的择食偏好（图 5-5）。通过多次重复操作确定个体偏好，确定奖食等级。训练中，当犬完成简单科目，达成小目标时，给予普通等级的食物奖励；当犬完成一般科目，达成训练部分目标时，给予高级食物奖励；当犬完成困难科目，达到训练整体目标时，给予终极食物奖励。也可以根据训练的难度，调整每次奖励的食物量。

注意事项：在训练过程中，适当的饥饿感有助于提高犬的食物动力，但应避免犬长时间处于饥饿状态，那样会对犬的健康带来伤害，同时会使其无视作业目标，专注于搜索食物，影响训练效果。

图 5-5　犬进食顺序观察

（2）猎取动力培养　太仓犬在民间常用于捕捉猎物，具有极强的猎取天性，可通过衔取物品逗引其注意力，待其咬住后进行拔河争夺。通过反复训练，培养犬衔取不同种类衔取物的能力，从而提高其猎取动力（图 5-6）。

训练原则上遵循“多逗少衔”，保持犬对物品的渴望。根据训练阶段和个体差异调整奖励物品。对于有一定训练基础的受训犬来说，绳球、麻棒是不错的选择；而对于训练时间较短或犬龄较小的受训犬，可选择丝织品、毛绒玩具、兔子毛皮等物品。其中兔子毛皮可使犬极度兴奋，有助于提高其猎取动力。

2. 气味联系及分化训练

该犬种具备较强的嗅认意识和良好的嗅认习惯，可以利用其对坑洞的探求

图 5-6　衔取动力培养

欲望进行基础性的搜索训练，并使用鉴别罐进行气味联系及分化训练。

（1）前期准备　将洁净的纱布放入尸体组织保存罐中 24 小时，使其沾染气味。操作时需全程佩戴手套，使用镊子夹取，避免污染。

（2）初期训练　选择清静环境，将纱布放入鉴别罐，将犬充分散放后，牵引至鉴别罐附近，手指向鉴别罐或用镊子轻触罐体（图 5-7）。若犬无反应，用脚拨动罐体吸引犬注意。当犬鼻子主动探入罐中嗅闻时，训导员按压响片并抛出奖励物（“扎”动作）给予犬奖励（注意奖励时机，奖励物需在犬头部探入罐中时出现）。对少数探求反射较弱的犬，可向罐内投食诱导。

图 5-7　气味探索

（3）进阶训练　在清静房间中，使用沾染人尸体气味的纱布A罐、无气味纱布B罐和干扰气味C罐（肥皂、木片等），通过差异强化提高犬对尸体气味的敏感性。首先放置A罐，犬嗅闻后给予奖励，反复多次使犬熟悉A罐气味。然后助训员放置B罐于A罐旁边，并用镊子敲击吸引犬注意力，令犬嗅认，犬嗅闻B罐时无奖励，嗅闻A罐时给予奖励，随着训练的深入，犬需对A罐出现明显重嗅后奖励才出现，培养犬寻找目标物的重嗅行为。随后逐步增加B罐数量，并随机摆放，多次重复上述步骤，犬就能对尸体气味建立气味联系并做出重嗅行为。待犬能力稳定后，训练中加入C罐，若犬对C罐做出反应则不予以奖励，视情况延缓训练或移除干扰罐以降低难度；若犬无视C罐干扰并对A罐做出重嗅反应，及时给予奖励（图5-8）。经过多次训练后，犬就能具备简单的气味分化能力，并对尸体气味建立牢固的气味联系。

图5-8　建立气味联系

（4）难度提升　该阶段训练犬对动物尸体气味的分化能力。在日常训练中，可将畜禽肌肉或内脏等组织集中装入塑料桶埋在地下，并在桶中填土，使动物组织与土壤充分接触待其腐烂。分别提取经过2天、4天、6天、8天、10天、14天（26～30℃环境温度）腐烂的样品，做好编号后冷冻保存。训练时，用纱布沾染气味，提高犬对不同腐败程度的动物组织尸体气味的抗干扰能力。初期可使用不同大小、不同形状的鉴别罐盛装干扰尸体气味以辅助犬通过视觉区分，后期逐渐过渡到使用相同鉴别罐进行训练，使犬单纯依靠嗅觉辨别（图5-9）。

3. 搜索形式培养

（1）基础训练　第一阶段：以抛物后静态衔取为切入点，选择清静环境，

图 5-9　气味分化能力训练

训导员左手牵犬，右手持毛巾对犬进行逗引，犬注意力集中后将物品抛出，待物品静止后，令犬衔取。经过多次训练后，犬就具备衔取静态物品的能力。

第二阶段：犬由助训员牵引，训导员手持毛巾对犬进行逗引，待犬兴奋、注意力集中后将物品抛出，待物品静止后训导员迅速前往，背对犬将物品拾起，佯装做出藏物品的动作，迅速返回令犬搜索。在犬搜寻的过程中下口令“搜”“好”，指挥并鼓励犬。犬找到物品后，训导员应立即与犬进行“拔河”游戏。若犬长时间不能搜寻到物品，训导员可通过引导帮助犬找到物品。若犬搜寻积极性不足，训导员可牵犬辅助搜寻。多次训练后，犬就能养成用鼻子积极搜寻物品的行为。

(2) 能力强化　随着训练的深入，犬搜索能力的提高，可由搜索一个物品逐渐增加到连续搜索多个物品，搜索的范围也可随着犬的搜索耐力提高而增加，搜索环境由清静逐渐转变为复杂，从而进一步提高犬的搜索能力。

(3) 指嗅训练　在日常训练中，应逐步培养犬指嗅的能力。首先将直径1mm大小的食物按线性随机撒放在水泥路面上，布设一条长5m的食物带。然后使用激光笔或指嗅棒引导犬嗅认采食。训练时下达“嗅嗅”口令，经过多次训练后，犬就能对“嗅嗅”口令形成条件反射，并对激光笔或指嗅棒指向的位置做出重嗅行为（图5-10）。

图5-10　指嗅训练

4. 示警能力训练

搜尸犬需要具备主动找到尸体目标，并将找到目标这一结果以行为“信号”快速而准确地传达给训导员的能力。这种“信号”以犬固定的体语为特征，如对某一特定目标或方向突然出现扒、拱、吠叫等行为。由于搜尸科目作业往往在山高林密等户外场所，选择吠叫示警可第一时间将搜寻结果反馈给训导员，有助于提高实战使用效能。

该阶段训练应在犬具备吠叫能力的基础上进行，在训练中当犬发现目标气味时下口令“叫”，犬吠叫后再给予奖励。经过多次训练后，犬就能在发现目标气味后主动做出吠叫的示警行为。

(1) 利用猎取反射提高受训犬对尸体气味的兴奋性　首先将沾染了尸体气味的纱布藏在游戏物品内，训导员在犬舍外隔栏逗引犬，犬在衔取欲的支配下极易吠叫，待犬吠叫后，下口令“好”，给予物品奖励。也可以利用从众效应和攀比心理来激发犬的吠叫行为。几名训导员牵犬一字排开，助训员用沾染了尸体气味的毛巾对犬群进行逗引，待犬衔取欲被调动起来时极易吠叫。当个别犬只表现出吠叫行为后，训导员下口令“叫”，并将毛巾给犬衔取，反复训练让犬明白吠叫后即能得到奖励，从而使犬对奖励物与吠叫产生兴奋联系，间接使犬对尸体气味产生强化。

（2）利用占有欲建立受训犬对尸体气味的示警　培养搜尸犬的示警能力以犬对物品的强烈占有欲为基础。可以采取将沾染尸体气味的纱布掩埋或隐藏的方法进行训练。将沾染尸体气味的纱布放入小坑洞，并在其上方放置奖励物品，随后用重物压住，防止犬自主获取。一般情况下，受训犬在即将得到衔取物品，但又不能马上得到时，表现最为兴奋和着急，也是犬最容易吠叫的时候，此时训导员来到犬身旁积极诱导和鼓励犬大声吠叫。利用操作式条件反射的原理，待犬吠叫后，立即移走重物，使其获得物品强化。在随后的训练中，逐渐缩小物品的体积，减少训导员气味在物品上的残留，经过多次训练后，过渡到训导员扔出替代品奖励，最后使犬明白将气味与吠叫示警自然联系到一起。

（3）问题纠正　太仓犬普遍存在扒土的行为，在气味联系形成，但示警行为还不稳定时，最容易出现此类情况。训练时可将气味源置于石板或空心砖内，使犬无法自主获得，迫使犬选择吠叫示警，并间接获得强化，这时训导员应第一时间充分奖励犬。训练初期可将奖励物品置于目标物中，使犬直接获得奖励，然后逐渐过渡到间接奖励。间接奖励时应加强奖励和目标气味的关联性，避免犬对人为某些特定动作产生不良联系。

5. 环境适应性训练

适应性训练是指训导员通过一定的手段和方法，使受训犬对其所处的生活环境、训练环境及各种使用环境产生适应能力，以满足训练和使用要求。太仓犬机警、敏锐，对风吹草动非常敏感，善于捕捉环境中细微的变化，一度被作为猎犬使用，这也导致其注意力不够集中，需要针对性地进行环境适应性训练，增强其环境适应能力和抗干扰能力。

（1）声响训练　训练过程中，要遵循循序渐进的原则，外界刺激应由远及近、由弱到强、由易到难，刺激量逐渐增加，但要避免犬受到过量的刺激而产生抑制或被动反应。训练前期，训导员可以使用金属盆饲喂犬，在犬进食的过程中敲击盆的边缘制造噪声。刚开始犬可能不敢进食，通过抚摸犬并控制声音大小，使其逐渐适应。在食欲和安抚的双重作用下，经多次尝试后可实现脱敏。后期提高难度阶段，训导员牵犬来到车流量较大的十字路口、播放音乐的广场、嘈杂的菜市场等环境进行饲喂、散放、训练、游戏等活动。该阶段训练要适当放慢训练进度，训导员要有耐心，一旦犬表现恐惧，应多进行安抚；反之，若犬表现自然，应该立即给予奖励。

（2）适应人群和畜禽　适应人群和畜禽训练就是使受训犬在面对人群和畜禽时不会出现不良反应。适应人群和畜禽是一头优秀工作犬必须具备的基础能力。

适应人群训练：首先，安排好由3～5人组成的人群，训导员牵引犬由远及近慢慢接近人群，并注意观察受训犬的表现。在接近人群过程中，如果受训犬出现躲避、夹尾等不良反应，训导员应该立即俯身对受训犬进行抚拍和安慰，以此来消除受训犬的被动反应。如果受训犬仍然不能完全消除对人群的被动反应，训导员应牵引受训犬暂时避开人群，调整一段时间后再牵引受训犬慢慢接近人群。多次训练后，受训犬对接近人群不再抗拒。犬适应人群后，训导员牵引犬逐渐接近人群并来到人群中间停留，不断安抚犬，给予犬食物或物品奖励，尽快消除犬出现的被动反应。当犬具备在人群中停留的能力后，安排7～8人组成人群，训导员牵引受训犬来到人群中间并在人群的空隙中来回穿梭，在此期间如果受训犬出现被动反应，训导员应该立即俯身抚拍受训犬，并且给予食物或物品奖励，从而缓解受训犬出现的被动反应。在整个训练期间，人群中的任何人都不要做出会使犬感到害怕的动作，尽量使受训犬感觉不到人群对它的威胁。经过若干次“人群穿梭”训练后，受训犬就会适应人群穿梭过程，不再出现被动反应，进而形成适应能力。

适应畜禽训练：可以将犬牵至有畜禽的环境中进行饲喂、游戏，增加犬接近畜禽的机会，逐渐让犬适应与畜禽共处，达到脱敏的效果。训练时要注意避免犬受到惊吓而产生抑制或被动；避免犬对畜禽做出追逐和捕杀等行为，影响日后的训练和使用；要训练犬对其自然存在的环境脱敏，从而有利于日后的训练和使用。

当犬因畜禽分散注意力时，可用犬喜欢的物品吸引其注意力，并施以奖励。当犬攻击畜禽时，要以严厉的语调下达“非”的口令。若犬的攻击行为没有及时停止，再使用适当的机械刺激加以惩罚；若犬终止该行为，要迅速施以奖励。该训练要经常在有畜禽的环境中开展。

（二）场地搜尸能力训练

1. 场地搜尸基础能力训练

培养犬根据训导员指挥，能够按照一定顺序对搜索区域进行全面、专注、仔细、持久的作业，发现目标气味后能快速准确地做出示警行为的能力。

（1）小范围区域搜索　第一步：选择一清静的草地环境，用警戒带围出 1 个约 500m^2 的训练场地。在场地中挖出 5 个 15cm 的深坑，提前 30min 在 1、3 号位置埋入感染尸体气味的纱布，其余位置埋入空白纱布，如图 5-11 所示。抛撒回填多余的新土，防止犬产生不良联系。

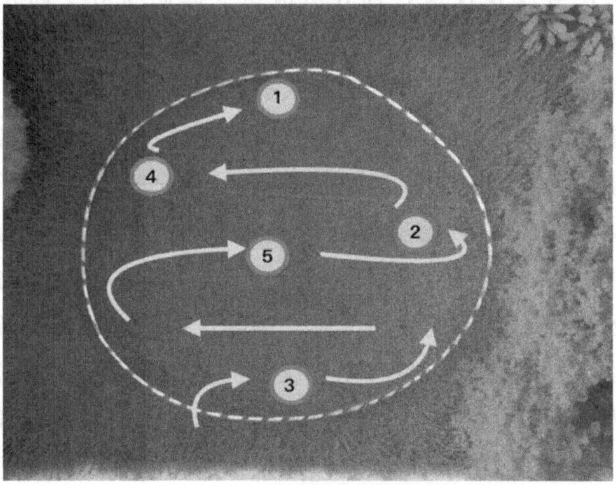

图 5-11　小范围区域搜索

第二步：训导员带犬到训练场地附近，待犬充分散放后，带犬至起点（起点离 3 号点距离控制在 1～2m），用物品逗引犬，然后将物品向警戒区域内抛出，助训员快速跑出背对犬将物品拾起，在草地上按“Z”形跑位做出佯装藏物的行为，并在移动过程中不断发出声音吸引犬注意。

第三步：训导员下达口令“搜”，指挥犬进入搜索区域进行作业。若犬不能主动进入搜索区域，训导员可轻拉牵引绳引导犬进入。初期训练时，要引导犬快速来到 3 号位置，示警后立即给予奖励，提高犬作业的兴奋性，培养其在初始位置细致搜索的习惯。随后指挥犬以“Z”形走位覆盖场地进行搜索。搜索过程中，牵引绳要保持松弛，由犬主导前进方向。当来到 4 号干扰点时，犬可能对翻动的土壤气味感到好奇，出现重嗅的情况。当犬即将做出假示警的行为时，训导员要果断将犬拉回到第一个气味源位置进行差异强化。若假示警行为已经发生，可以当犬的面将干扰位置土壤挖开，由其再次重嗅确认无异常。对于未被干扰的犬，主动离开时应给予抚拍奖励。当犬搜索全场来到 1 号位置并做出示警行为后，训导员应立即给予犬奖励。当犬搜索路径错误时，训导员要及时轻拉牵引绳给予纠正，犬调整后给予口令“好”的奖励。结束训练前，可以将物品在犬的视线范围内扔回搜索区域，使犬保留余兴。多次训练后，犬就能够自主地对特定区域进行全面细致的搜索（图 5-12）。

图 5-12 小范围区域搜索训练

（2）钢钎打孔搜索　在日常训练和使用中，当尸体被掩埋于地下较深处时，犬在地表往往难以嗅闻到气味。为此，通过钢钎打孔的方式能有效地将地下较深处的尸体气味透到地面，从而提高搜尸犬作业的效率。通过实验发现，将 1kg 尸块深埋地下 1m，在上方土壤未踩实的情况下延时 3h，犬能很快发现目标点位并做出示警行为。但当我们踩实土壤或减少尸块质量到 500g 以下后，即使延长时间到原来的两倍，犬发现目标气味的能力依旧不理想，因为压实的泥土隔绝了气味的散发。为减少土壤厚度及紧实度对气味散发的影响，我们将 1.3m 长的钢钎在掩埋点位附近插入后拔出，延时 20min 后搜索，犬能对该处位置做出果断示警行为。

孔洞鉴别式搜索训练：第一阶段，将 1kg 左右尸块事先埋于地下 1m 左右，标记位置，利用钢钎在标记处打孔。此时尸体气味较容易从孔洞扩散到地表被犬察觉。训导员带犬经过孔洞时，犬主动探求或训导员以指嗅的方式指挥犬进行“点对点”嗅认，若犬出现示警行为，要给予奖励。第二阶段，在尸块埋藏标记点附近用钢钎打 6～8 个无气味孔，连同之前打的孔呈“1”字形或者

“0”字形排列。训导员引导犬对上述孔洞进行鉴别式搜索，待犬在尸体上方的孔洞位置示警后，迅速给予奖励。第三阶段，对长时间埋于地下的尸体附近的土壤进行打孔，此时尸体的气味要经过一段时间挥发才能被犬感受到。在上述训练基础上，犬对孔洞形成嗅认的条件反射后，可以开展尸土气味的搜索鉴别训练，具体操作同上。

2. 场地搜尸能力提高训练

经过一段时间的训练，犬能对搜尸作业的流程和要求基本熟悉，对尸体气味更为敏感，其作业动力、搜索耐力、搜索仔细度也会显著增强。当受训犬具备以上基本能力后，就要逐步进入能力提高训练阶段。

训练目标：搜尸犬可以规范地独立完成搜索作业；能对较大范围内的多个目标进行持续搜索；搜索中不受干扰气味影响。

(1) 耐力训练　提高犬的搜索耐力，可以通过增加搜索面积和增加搜索目标数来实现。训练时，选择 5000m^2 以上的开阔清静场地，将沾染尸体气味的纱布浅埋 10cm 左右，延时 1 小时。为了提高犬搜索的成功率，增强犬作业自信心，可以在训练场地放置 2～3 个气味源，当犬发现第一个目标时，立即奖励犬，随后继续指挥犬搜索，直至搜索出全部气味源，以此达到增强搜索耐力的目的。

进行大面积搜索时要合理地规划搜索区域，合理分配搜索时间，结合气候、地形开展作业。迎风搜索时，灌木丛、草丛要重点排查，做到低速细致作业；一些硬质石块地面可以带犬快速经过，不做重点划分；松软土壤属于中等优先级，主要观察是否有翻动痕迹，并结合钢钎预判。实战中要详略得当，避免犬长时间作业产生疲劳，提高搜索效率。耐力训练要注意犬的体能和作业动力之间的平衡，体能决定受训犬作业的范围，而作业欲望决定其能否兴奋积极地发现目标。初期训练每 15min 休息 3min，每完成 500m^2 搜索且无漏搜，给予奖励强化。

(2) 已知条件向未知条件转变　已知条件下训练的目的是培养犬的基本作业能力、训导员的基本训练能力及对犬作业情况的掌握能力。但是已知条件下训导员无意识的提示动作容易对犬产生不良影响，使犬产生依赖心理。在已知条件训练中，使用质量较轻的长绳放松牵引犬，保证不偏离搜索区域的情况下逐渐弱化训导员的人为操作控制及干扰。可依据太仓犬个体特性，考虑佩戴电刺激脖圈，进行无牵引的控制，使犬服从训导员的指令。经过一段时间的自由搜索无果后，训导员可不着痕迹地引导犬缓慢螺旋式地接近气味源，利用前文提到的指嗅棒、激光笔进行指嗅，指向偏离真实位置 30～50cm 的距离。几次训练后，犬会发现依据训导员的指挥可以较快地发现目标并获得奖励，对此模式产生积极联系，可转入未知条件下训练（图 5-13）。

图 5-13　已知条件训练

未知条件下训练的目的是检验犬的作业能力，培养训导员熟练掌握犬作业体语的能力，从而更好地贴近实战。助训员提前将 1 个气味源埋藏至训练场任意位置，深度 0.5m，训导员仅知晓搜索区域，不知道埋藏位置。训导员在进行搜索作业前，需仔细观察场地情况，并对搜索区域进行划分，对于有明显痕迹的可疑区域重点标注，搜索时在地表指嗅的基础上，以 0.5m 的间距进行网格化钢钎打孔，打孔深度根据地质及钢钎长度而定，加速气味释放，并指挥犬对打孔点重点嗅闻，训导员通过观察犬的反应，以此判断气味源位置（图 5-14）。如此反复训练，在未知条件基础上不断变化气味源数量、埋藏深度等参数。

训练要点：要经常变换气味点的数量和位置，定期更换训练场地，不可让犬有规律可循，这对犬搜索行为的强化塑形非常重要，使其能够全面而细致地搜索。

(3) 否定式训练　本训练是指在训导员未放置目标物的情况下，犬能积极主动搜索指定场地，并对可疑点位重嗅，不出现乱反应、假示警行为。

训练目的：培养犬能依据训导员的指挥对特定区域搜索，在未能搜获目标

图 5-14 未知条件训练

物的情况下，犬的作业状态不受影响；同时防止犬因长时间搜索得不到奖励而产生乱反应、假示警行为。

训练方法：在较为清静的环境中选择两块大小相同的场地 1 号、2 号，1 号场地不放置目标物，2 号场地放置目标物。准备完毕后，训导员令犬先对 1 号场地进行搜索，如出现假示警、乱反应的错误行为，训导员不予奖励也不惩罚；如未出现错误行为，及时充分地奖励犬。训导员随后立即带犬至 2 号场地，令其搜索，如犬积极快速地搜索目标物并正确示警，充分奖励犬。若犬在 1 号场地搜索未做出反应，应立即使犬搜索 2 号场地，验证犬是否具备发现尸体气味的能力。经过反复训练，空白训练的基本能力就能形成。随后逐渐扩大场地搜索面积，并在 1 号场地内挖出多个坑洞并回填土壤，用以迷惑犬。当犬能完成无目标物的全场搜索，未出现假示警情况，给予犬充分奖励，此阶段训练结束；若犬假示警，则由助训员在犬面前挖开坑洞，待犬确认无气味后立即牵犬到 2 号场地目标物埋藏位置附近搜索，正确示警后给予奖励。经过多次训练，逐步改正犬急躁乱反应的问题，使其具备细致判断、准确示警能力。

训练要领：初期训练应降低搜索条件，与平时训练相比，场地范围缩小、目标物沾染气味量增大等；训导员应注意在否定式训练中，可以使用目标尸体气味对犬进行强化，提高其兴奋性，进一步加深犬对气味的记忆。

（4）气味分化训练　太仓犬依据前文基础训练，室内分化稳定后，可以在室外场地开展分化训练。在一条直线路径上布置三个点位（图 5-15），人体气味源→干扰气味源→人体气味源，间隔 5m。训导员牵犬从第一个点位附近开始搜索。犬经过第一个点位示警并获得奖励强化后，训导员立即指挥犬前往第二点位。如犬经过重嗅对比后未出现明显示警动作，在离开第二点位时及时充分奖励；若犬在第二点位示警，则立即将其带离，不奖励、不惩罚。在第三点位对犬的示警行为进行充分强化。

太仓犬在进行区分干扰气味和目标气味训练时要注意两点：第一，循序渐进原则，即两种气味的浓度大小和差异程度应该呈现差异和顺序；第二，充分利用犬的分化抑制，充分及时奖励犬对干扰诱惑气味的否定行为。

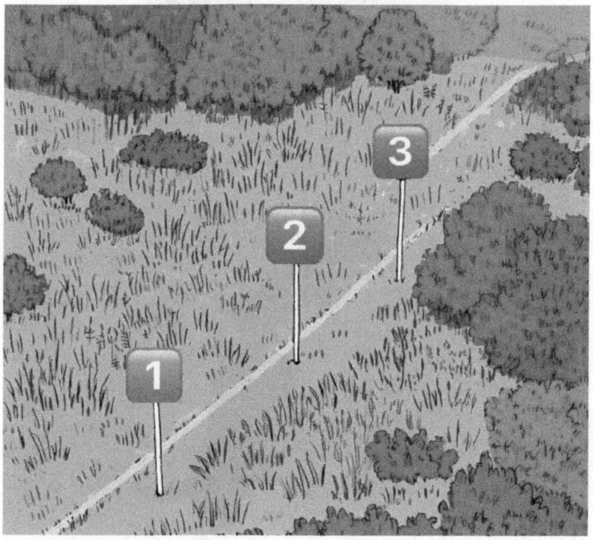

图 5-15　气味分化训练的三个点位

（三）高位搜尸能力训练

1. 高位搜尸能力基础训练

培养犬抬头嗅闻、捕捉空中气味的习惯，建立对树上、山崖、屋顶等垂直空间高位隐蔽目标的嗅觉定位能力，实现精准吠叫示警。

(1) 气味搜索墙训练　气味搜索墙是一款用于高位搜索训练的辅助装备，能有效地提高犬高位搜索的各项基础能力。训练方法如下。

第一阶段，训导员牵犬到气味搜索墙附近，由助训员使用衔取物品对犬进行逗引，待犬兴奋性提升后，在犬视线内假藏物品于墙体孔洞中，孔径≤8cm，便于犬探头嗅闻，但不易被犬衔取。气味源位置一般高于犬站立高度。训练时，训导员注意捕捉犬面向气味墙洞口吠叫的瞬间，由上而下扔出奖励物品，使犬认为奖励物是由于吠叫而从气味墙中掉落的，从而强化示警与吠叫间的关联。如此反复训练，逐步培养犬主动抬头嗅闻高处的能力（图 5-16）。

图 5-16　气味搜索墙训练

第二阶段，增加假藏与开始搜索的时间间隔，从 0min 逐步延长至 15min，直至省略假藏步骤，同时将沾染气味的纱布位置逐渐上升至墙体上缘完全隐藏，犬无法看到，只能依靠空气中散发的气味判断气味源的大致方向和位置。训练时，助训员提前在高处放置气味源，训导员带犬进行有序搜索，当犬在气味源正下方 1m 范围内重嗅并伸头上探的同时吠叫示警，训导员立即在犬所在位置上方扔出食物或物品，奖励物自然下落，犬得到奖励，训练结束。如此反复训练，此项训练能有效地辅助提高犬的高位搜索能力，助训员要注意把握奖励的位置和时机，避免犬搜索时根据助训员的站位寻找目标。

（2）树木训练　诸多实际案件中，遇难者（受害人）尸体多被发现处于树的中上部，悬挂在树上，且易被茂密枝叶遮挡不易被人发现，因此培养太仓犬搜索野外高位树上藏匿的尸体气味源的能力非常重要。初期训练选择无风或微风天气，选择枝叶稀疏的树木品种（如白桦），以减少气味滞留。助训员用沾染尸体气味的纱布从树根至树梢由轻到重涂擦，形成浓度梯度。将纱布放入气味盒中挂在树梢上，等待 10min，待气味自然散发、沉降。训导员牵犬来到树下，观察犬的行为。当犬有意识地跟随气味的浓度变化逐渐关注高位，出现后肢站立、前肢抱树伸头向上嗅闻的动作时，表明犬已经捕捉到气味（图 5-17）。此时训导员要做好扔出奖励物的准备。在犬叫第一声的同时，将奖励物扔到树上，使其由上而下垂直掉落，此时训导员不要发出声音，避免吸引犬的注意力。犬得到物品后，可进行充分强化。经多次训练后，犬具备嗅闻并发现树木上高位尸体气味的能力。结合近些年积累的高位搜尸训练数据，在无风或微风条件下，犬示警位置距离气味源正下方允许的误差距离＝气味源高度×1.5（如气味源 3m 高，误差距离≤4.5m）。

（3）常见问题与对策

① 犬未形成抬头嗅闻的意识。对策：可通过激光笔照射高位引导视线，或是悬挂并晃动羽毛、铃铛等吸引注意力。

② 犬示警不果断或不示警。对策：将训练高度降低至犬的视线范围内，循序渐进逐步增高，同时可加大气味源的气味浓度，提高奖励强度。

③ 过度依赖视觉搜索。对策：将气味盒用树叶覆盖；多进行夜间训练。

2. 高位搜尸能力提升训练

通过上一阶段训练，犬已经具备在空气中捕捉目标气味的意识，能够对高于自身的目标快速准确示警。需在此基础上，继续强化犬对高位尸体气味的捕捉能力，增加气味源高度，同时训练犬能够在有风状态下，对 2m 以上的气味源准确定位、及时示警。

图 5-17　树木训练

（1）定位训练　犬一般很容易捕捉到高位沉降气味，但嗅觉定位能力需不断训练培养。训练时尽量选择树木茂密的环境，使犬减少视觉依赖。助训员提前将沾染气味的纱布挂于树梢上距离地面 2～3m 处，等待 10min 后，训导员带犬从下风口开始搜索。如风较大，离气味源 10m 左右犬就会有明显的“摆头”行为，逐渐靠近目标，在距离 4m 左右时，由于气味源较高，沉降下来的气体位移偏差大，无法精准定位，犬易出现徘徊行为，此时如果犬在周围任意一棵树下吠叫，也可进行奖励。随着训练的深入，在此基础上逐渐增加气味源高度，并适当增加气味源的体积，如此反复训练，犬一般可以轻松发现 10m 左右高度的隐藏目标（图 5-18）。

（2）风力与搜索策略

① 当风力≤3 级（微风）时，搜索路径以螺旋环绕式递进，逐步缩小搜索半径。对示警点上风口 1～2m 加强排查。

② 当风力在 4～6 级（中风）时，搜索路径以“之”字形逆风推进。

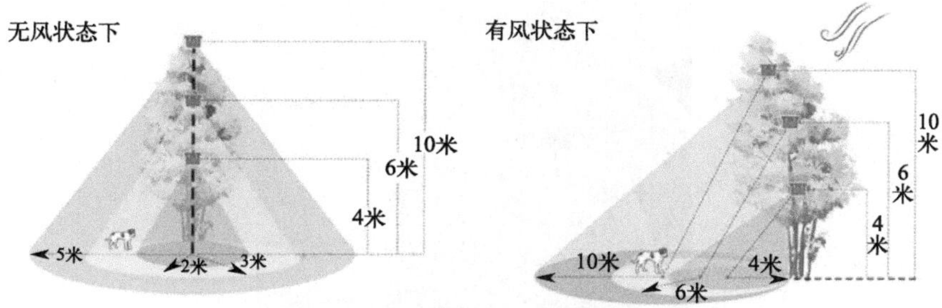

图 5-18　有风与无风时的气味偏差

③ 当风力≥7 级（强风）时，暂停训练，避免气味过度扩散。

（3）复杂环境搜索训练　实际案件中，尸体藏匿环境往往比训练场景复杂得多，树木、峭壁、草丛和灌木等可能同时存在。因此在日常训练中，要注意场地索和高位搜索相结合，在综合性区域中设置多个气味源进行训练，使犬能够灵活地判断源头位置。

（四）水上搜尸能力训练

1. 水上搜尸能力基础训练

水上作业环境特殊，气味的扩散方式及环境干扰与陆地不同。相对土壤掩埋而言，水的浸泡溶解会导致气味散发量减少，气味也会发生些许改变，因此犬在搜索过程中捕捉气味的难度也随之增加。水上搜尸训练需要在犬具备陆地搜尸能力的基础上进行，并开展水中气味联系建立、水域环境适应、乘船搜索等针对性训练。

（1）水中气味联系建立训练　初期训练：准备 6 个鉴别罐，注入纯净水。1 号罐放置沾染尸体气味的纱布，其余 5 个罐放置空白纱布。首次训练需静置 24h，后续缩短至 4h（图 5-19）。训导员牵犬逐个嗅认，仅对 1 号罐示警时给予奖励。若犬不示警，倒掉水后检查气味源有效性。

进阶训练：将沾染尸体气味的纱布固定于水桶底部，然后将水桶埋入地下。桶口与地面齐平，水位由浅（10cm）逐步加深至 50cm。犬站立于高台嗅闻，建立对水中尸体气味的联系。多次训练后，替换桶内水为池塘水或河水，减小气味差异。

（2）水域环境适应训练　在未接触过大面积水域前，部分犬会表现出对水面漂浮物的探求或恐惧，出现驻足观望、焦躁不安、“夹尾巴”害怕、后退逃

图 5-19　水中气味联系建立

离等行为，这将影响犬的水上作业能力。因此，针对性开展水域环境适应训练能有效提高犬的水上作业能力。训练时，要有计划地带犬到池塘边玩耍，若犬表现不适应，则要通过抚拍等手段对其进行鼓励。

浅水区脱敏训练：选择混浊浅水塘（深度≤20cm），抛掷犬感兴趣的物品诱导衔取。犬衔回后及时进行强化奖励。夏季也可以通过带犬到池塘洗澡来提高其适应能力。经过多次训练即可实现脱敏。

浅水区搜索训练：选择在深度 20cm 左右的混浊水塘内放置气味源，用重物压在水下，做好标记。当犬感受到气味出现反应后给予奖励。训导员可以直接从水下拉出准备好的奖励物，也可以将持有的奖励物悄悄放入水中，当犬吠叫时松手，依靠浮力使奖励物浮出水面。

栈道搜索训练：将装有尸块的气味球绑上铅块和密封好的奖励物放置于栈道旁浅水中，放置 24h 后，带犬搜索。训导员可以手握犬感兴趣的物品放置在栈道边的水面引起犬注意。当犬逐渐靠近时，下达口令“好”给予鼓励。当犬在附近搜索做出示警反应时，训导员立即将奖励物品拉出水面令其获得。通过在岸上嗅认示警，进一步强化犬水面搜索能力。初期训练目标物的放置深度控制在 20cm 以内。

（3）乘船搜索训练　乘船训练前，犬需要克服恐惧心理自由上下船只，慢慢适应船只的摇晃。训练时要选择平稳、易操作的小船，如小型橡皮艇或木船等，同时要确保犬和训导员的安全。初期在平静水面上练习，多次训练后，犬能保持兴奋性自由上下船，并在船上长时间停留后，即可开始在船上进行水面搜索训练。

静态船只搜索：助训员将船靠岸，在临近水面的一侧水下放置气味源，贴近水面但不能露出。可以利用鱼竿将奖励物品绑在鱼线上沉入附近。15min后，由训导员带犬登船，稍做调整后，指挥犬沿着船围挡对附近的水面进行嗅闻。当犬示警后，助训员立即收线，将奖励物拉出水面给予犬奖励，从而进一步提高犬水面搜索的能力（图 5-20）。

图 5-20　静态船只搜索

（4）常见问题与注意事项

① 训练中发现，个别犬出现不示警的情况，但倒掉罐中的水后，犬又对罐中的目标恢复了反应。反复尝试后，猜测可能是放置时间过短，气味未扩散。建议首次训练应在放置 24h 后开始，之后逐渐缩短至 4h 左右。水中和陆地上的目标气味对有些犬来说或许存在差异，需要重新进行气味联系建立训练。

② 有些犬需要通过犁鼻器尝试水中的气味，帮助自己分辨气味，通常在水上搜索时会喝进去一些水，此时要留意观察和记录受训犬是否有不良反应。

③ 训练一定要循序渐进，若犬对尸体气味联系不稳固，对水上训练相关环境不适应，训导员不要急于开展水上训练，否则易导致训练失败，影响犬作

业欲望及自信心。

④ 训练中要避免包装、容器及训练用乳胶手套等对犬的影响，杜绝建立错误的气味联系。

2. 水上搜尸能力提高训练

培养犬在湖泊、河流、水库等水域环境中，通过嗅觉定位水下尸体气味，并准确示警的能力，要求犬能适应水流、风向等复杂环境的干扰。

（1）乘船动态训练　受训犬经过上述船体静态训练，能够在船体摇晃的环境中自由穿梭，积极搜索并快速示警后，便可以开动船只，进行乘船动态训练。

训练前，先在水域某处放置好目标物，延时24h后，训导员带犬乘船，向气味目标处径直缓缓靠近。当船在接近目标区域20～30cm时，牵引犬到靠近目标一侧的船沿，降低船速观察犬的反应，捕捉犬示警前的行为表现。当犬犹豫不决时要及时引导并鼓励其吠叫，若犬没有明显反应，要考虑降低难度或继续靠近目标物使犬仔细搜索。水上搜尸训练中还要让受训犬甄别水中其他的类似气味，如动物死尸、腐败的植被等可能释放甲烷气味的干扰物。

训练时要注意经常改变搜索方式，多开展模拟实战训练，灵活运用十字分割法、左右分组法、横排推进法等。

（2）目标位置的判断　根据水流与气流方向的不同，气味的飘向也会发生改变。当水流方向与风向相同，水流平缓时，气味穿透水流借助风力向下风口飘散，此时尸体在气味较浓区域的上游。搜索的方向应逆流而上，犬易在A处示警。此时，尸体位于示警位置的水流上方（图5-21）。

水流方向与风向相同，水流湍急。当尸体产生的气味离开水流后，相对于此时的尸体位置停留在上方。搜索的方向应顺流而下，犬易在A处示警。此时，尸体位于示警位置的水流下游附近（图5-22）。

当水流方向与风向相反，气味穿透水流后，被吹向水流上游，此时尸体相对气味而言在下游（图5-23）。

当水流速度与风速差较大时，搜索的方向应逆流而上，犬通常在A处示警。此时，尸体位于示警位置周围（图5-24）。

当水流速度与风速差较小时，搜索的方向应顺流而下。当犬示警时，重点关注打捞此位置下游附近区域（图5-25）。

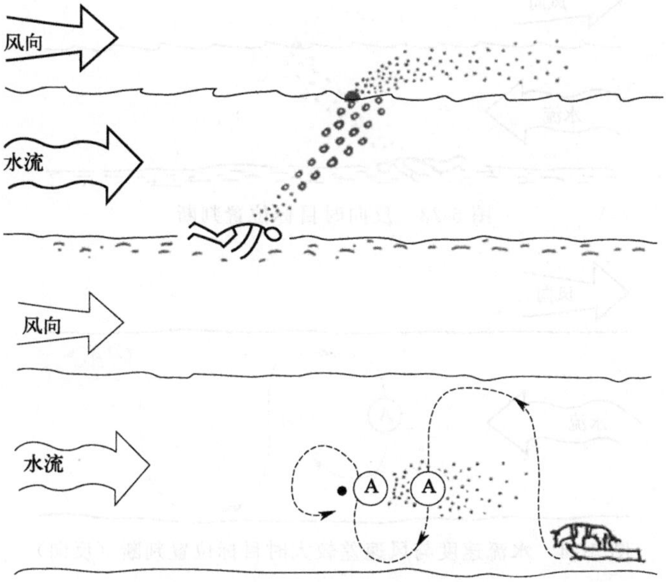

图 5-21　水流平缓时目标位置判断（同向）

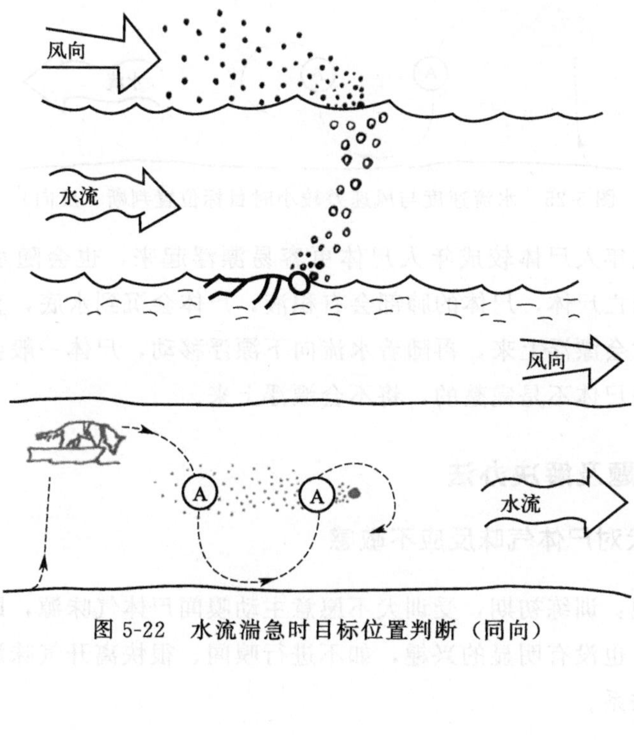

图 5-22　水流湍急时目标位置判断（同向）

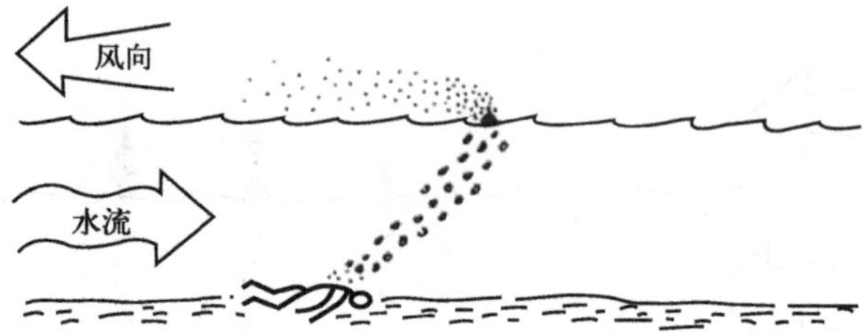

图 5-23　反向时目标位置判断

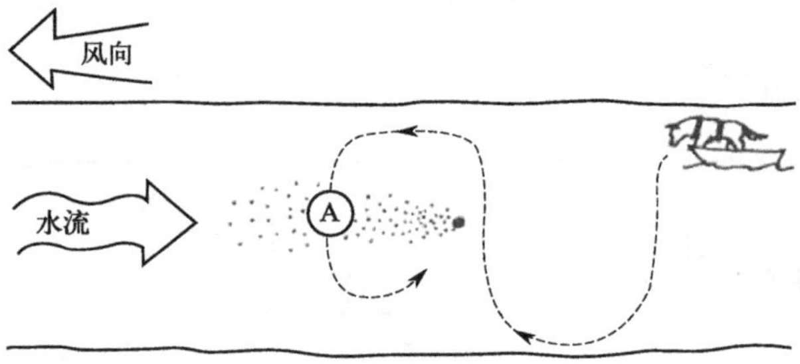

图 5-24　水流速度与风速差较大时目标位置判断（反向）

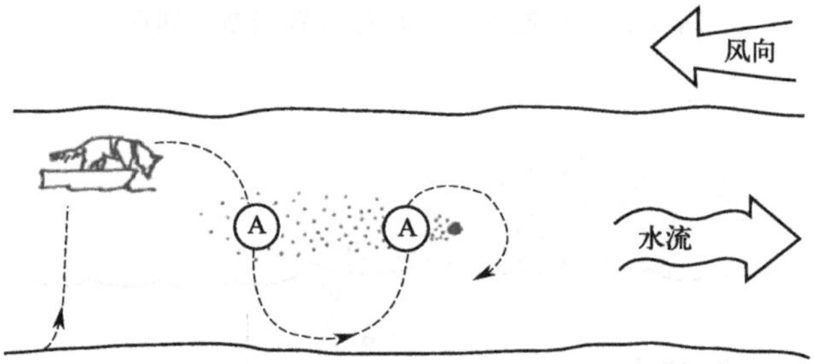

图 5-25　水流速度与风速差较小时目标位置判断（反向）

一般未成年人尸体较成年人尸体更容易漂浮起来，也会随水流漂浮得更远。如果是溺亡尸体，尸体的肺部会有积液，尸体会沉到水底，直到气体重新充满体腔，才会漂浮上来，再随着水流向下漂浮移动，尸体一般会在入水处附近。但是如果尸体不是完整的，将不会漂浮上来。

四、常见问题及解决办法

（一）犬对尸体气味反应不敏感

问题表现：训练初期，受训犬不愿意主动嗅闻尸体气味源，即使在引导下靠近气味源，也没有明显的兴趣，如不进行嗅闻、很快离开气味源区域等，无法建立气味联系。

解决办法：训练时选择相对安静、舒适的环境，减少外界干扰因素。刚开始使用犬熟悉且喜欢的物品与尸体气味源混合，引导犬对混合气味产生兴趣，然后逐渐去掉物品，直至犬能够对单纯的尸体气味源做出积极反应；利用响片进行标记并提高奖励的及时性和丰富度，当犬表现出轻微对气味源关注的行为时，立即使用响片标记并给予大量奖励（夸奖、奖食、抚摸、游戏），强化犬对气味源的关注和兴趣。

（二）搜索过程中注意力不集中、易分心

问题表现：在搜索训练过程中，受训犬可能会被周围环境中的其他因素吸引，如飞过的鸟类、风吹动的树叶、其他动物的活动痕迹等，导致搜索作业中断，影响效率，无法准确找到隐藏的气味源，甚至结束搜索任务，陷入对无关事物的追逐或玩耍中。

解决办法：在训练初期，选择相对简单、干扰因素较少的环境进行基础搜索训练，使犬先学会专注于搜索任务本身，然后再逐渐提高犬搜索能力和作业形式。随着犬搜索能力的提高，再逐步增加环境的复杂性。同时，在训练过程中，一旦发现犬出现分心行为，立即通过口令（如“搜”“来”等）、牵引绳的轻拉或哨声等方式来吸引犬的注意力，将其引导回搜索任务上，但要注意避免过度惩罚或惊吓犬，以免影响其积极性和自信心；也可设定多个小目标，当犬完成一个小目标后，立即给予奖励，再继续下一个目标，这样可以帮助犬保持较高的注意力和积极性，逐步提高其在复杂环境中的搜索专注度和抗干扰能力。

（三）标记行为较多

问题表现：个别受训犬在训练场地、搜索区域内频繁进行尿液标记，通常一次作业过程中会标记2～4次。

解决办法：定点排便，每次训练前和训练后，将受训犬带到固定区域排便，让犬习惯在特定的时间和地点排便，同时加入奖励机制；充分散放，训练前将受训犬充分散放，释放其过剩精力，满足其对领地的探索需求，散放过程中允许犬标记；增加社交机会，设置社交区域或定时安排共同生活时段，满足其社交需求；作业过程中一旦出现标记苗头，训导员立即下“非”的禁止口令，同时助训员施以机械刺激，根据情况也可以将犬带离场地。

（四）易出现假示警

问题表现：受训犬在搜索过程中，可能会对与尸体气味相似的气味源误判、因长时间未找到目标而着急或者对训导员某些动作产生错误联系，做出假示警行为，导致训导员误以为犬找到了目标。

解决办法：在训练前，确保使用的气味源纯正，无污染或混淆，具有高度的特异性；对犬进行不同气味的分化训练，在训练场地中设置多种干扰气味源，让犬在搜索过程中接触到这些气味，并通过正确的奖励和纠正机制强化；训练过程中要难易交叉，不要一味提升难度，训练场地可设置多个气味源，先易后难，及时奖励，激发犬的搜索兴趣；搜索过程中训导员要尽可能减少不必要的动作，当犬对非尸体气味源产生反应时，训导员要保持冷静，不要给予任何奖励。

（五）示警不果断，易出现扒土行为

问题表现：在实际案件现场中，目标物附近可能会存在重要痕迹物证，受训犬在搜索到目标物后如果出现先扒土再示警或者示警后扒土等行为，会对现场造成破坏。

解决办法：扒土行为要在训练初期及时纠正。搜索过程中犬一旦出现扒土行为，训导员应立即下“非”口令，同时助训员施以一定负面刺激，将犬带离搜索现场，重复以上动作直至犬示警时不再出现扒土行为。

第二节　太仓犬搜救能力训练

一、太仓犬搜救训练概述

太仓犬搜救训练是指在发生自然灾害或人为破坏事件时，太仓犬根据训导员的指挥进行搜寻被困、走失等人员的过程。搜救场景主要为地震、山体滑坡、泥石流、建筑物坍塌等。其核心目标是培养犬只在复杂环境中快速、准确地定位搜救目标的能力。太仓犬的搜救能力依赖于良好的服从性、良好的环境适应力、良好的体能耐力及与训导员的默契配合。

（一）良好的服从性

服从性是太仓犬执行搜救任务时应具备的基础能力，确保犬只在复杂环境下仍能准确响应指令，服从指挥。可通过训练坐、卧、立、随行、前来、前进等基础服从训练来强化太仓犬的纪律性。根据太仓犬的行为特点，多采取正向强化手段开展服从科目训练，如爱抚、奖励零食、物品的衔取与逗引等。训导员应选择陌生环境对太仓犬开展服从训练，提升在城市、野外、废墟等不同场景下的适应力和执行力，同时在以上场景中快速移动（跑步、攀爬）进行指令训练，提高犬在复杂环境下仍能保持较高的专注力、较快的反应速度和较强的稳定性，确保其在紧张救援中不慌不乱，精准执行任务。通过反复进行实战模拟环境训练，即使在嘈杂、危险的搜救现场，太仓犬也能保持较好的工作状态，迅速锁定目标，为救援行动赢得宝贵时间。

（二）良好的环境适应力

环境适应力是太仓犬搜救能力的关键，需在不同气候、地形中开展针对性训练，如高温、低温，山地、废墟、地下空间、水域、荆棘等，增强其应对多变环境的能力。通过模拟真实搜救场景，如废墟、狭窄空间等，提升犬只的空间感知能力和灵活应变能力。此外，对于畏惧高空、水域、狭窄空间等环境的太仓犬，需对其进行针对性脱敏训练，使犬逐步克服恐惧、焦虑，确保犬在各类复杂环境中都能高效执行搜救任务。训导员还需时刻关注犬只的心理状态，观察太仓犬作业过程中的体语等，时刻保持积极情绪给予犬反馈和互动，确保其在高压环境下保持冷静、兴奋。通过各种复杂环境模拟训练，犬逐渐学会在复杂环境中自主判断，灵活应对突发情况，从而提高搜救效率。

（三）良好的体能耐力

太仓犬还需进行体能耐力训练，通过长跑、负重爬坡等方式提升体力，确保长时间搜救不疲劳。体能耐力训练不仅增强太仓犬的体力，还锻炼其意志力，使其在连续高强度搜救中保持最佳状态。训导员应根据犬只的体能状况，科学制订训练计划，逐步增加难度，确保犬只在不同环境下都能持续高效工作。通过短距离冲刺、慢跑、长距离负重等方式相结合，做好心肺耐力训练；通过攀爬、游泳等方式做好肌肉力量训练和平衡性训练。训导员需及时调整训练强度，防止犬过度疲劳，注意保护犬的关节和脚垫。同时，合理的饮食和营养补充也是维持体能的关键，以保障太仓犬的健康与搜救能力。

二、基础能力训练

搜救、搜毒、搜爆等气味作业训练是传统鉴别技术的延伸。单独就搜救而言，鉴别训练需从识别简单环境下的人体气味开始，逐步过渡到识别复杂环境下的人体气味，直至犬只能在多种气味中准确分化出目标气味。按照嗅源条件的不同分为有嗅源搜救和无嗅源搜救两类。有嗅源搜救依赖于与嗅源相同的气味，以其作为线索，犬只通过嗅觉锁定目标路线或区域；无嗅源搜救则考验犬只对环境的敏锐感知，需在复杂环境中自主搜寻。鉴别训练是开展以下训练的核心环节。以下为有嗅源、无嗅源两种搜救训练的方法。

（一）有嗅源搜救训练

有嗅源搜救训练是指太仓犬需通过人体气味嗅源载体搜寻同一气味人员，此项训练多用于走失人员或特定人员的野外搜救。

第一阶段：选择清静的房间 1 间，训导员控制好犬，助训员兴奋吸引犬，在犬注视下，在鉴别罐内放置嗅源载体，随即藏进房间，关上房门后紧贴房门内侧。训导员引导太仓犬嗅认嗅源，犬充分感受嗅源气味后，训导员下达“搜”的口令并伴随手势指引，太仓犬迅速靠近房门，仔细嗅认后确认目标气味，果断吠叫示警后，助训员立即打开房门，予以犬食物或物品奖励。重复以上训练，直至犬只对嗅源气味反应迅速且准确。

第二阶段：增加房间数量，增强干扰气味。选择清静的房间 6 间，一字排开。训导员控制好犬，1 名与犬较熟悉的助训员和 1 名陌生助训员共同吸引犬，训导员遮挡住犬的视线，较熟悉的助训员气味为目标气味，并将嗅源载体放置于鉴别罐内，陌生助训员气味为干扰气味，先后分别藏于房间内，训导员引导太仓犬嗅认嗅源，犬充分感受嗅源气味后，训导员下达“搜”的口令并伴随手势指引，太仓犬依次对房间逐个嗅认，直至准确锁定目标气味所在的房间，果断吠叫示警。助训员打开房门，充分奖励犬只，强化犬的分化、示警行为。如犬对陌生助训员气味产生混淆，错误示警，训导员需及时纠正，重新引导嗅认嗅源，并再次进行分化训练，直至准确分化目标气味。经过多次试错、纠错训练，犬只逐渐建立起对嗅源气味同一认定的目标气味分化能力。

第三阶段：不断增加和变换助训员，随机选择助训员作为目标气味，模拟搜救实战场景，提升太仓犬对不同人群的分化能力。随着训练的深入，太仓犬的分化能力不断提升，对嗅源与目标气味的同一认定能力也随之提升。本阶段训练模拟不同年龄、职业、生活习惯、性别等特征的人员，进一步提升太仓犬的气味认知范围和辨识精度。

（二）无嗅源搜救训练

无嗅源搜救训练则侧重于培养太仓犬在无明确气味线索情况下，依靠敏锐嗅觉进行感知和环境分析，自主搜寻被困者，使太仓犬能精准识别被困者、失踪人员的气息，此项训练多用于自然灾害搜救、建筑物倒塌废墟搜救、水域搜救和火灾搜救等。

第一阶段：选择清静的房间 1 间，训导员控制好犬，助训员兴奋逗引犬，在犬的注视下藏于房间，并关上房门后紧贴房门内侧。不放置嗅源，犬只依靠敏锐嗅觉和视觉记忆，搜寻助训员，迅速锁定其藏身位置，果断吠叫示警。助训员立即打开房门给予食物或物品奖励，重复以上训练，直至太仓犬对助训员反应迅速果断。

第二阶段：增加房间数量和干扰气味。选择清静房间 6 间，一字排开。训导员控制好犬，助训员随机藏于某房间，且在所有紧贴房门处放置麻棒、犬粮、火腿肠、香皂等相同生活用品，以干扰犬的嗅觉。训导员引导太仓犬逐间嗅认，在多个干扰气味作用下，只有人体气味是变量，犬凭借敏锐嗅觉进行分化，准确锁定助训员藏身的房间，果断吠叫示警。助训员打开房门，给予奖励，强化犬只在无嗅源情况下的搜寻能力。随着训练难度提升，太仓犬逐渐适应复杂环境，能在众多干扰中精准识别目标气味。

第三阶段：增加助训员、房间、干扰物数量，改变隐藏位置。选择清静房间 20 间，一字排开。训导员控制犬只，5 名助训员随机藏于不同房间，每个房间内叠加多个干扰物，如动物、衣物、鞋子等，且助训员的藏身位置更加隐蔽，如衣柜、床底等。因此在犬嗅认房门过程中，需更细致分辨微弱的人体气味，并排除各类干扰，逐步缩小范围，最终准确锁定助训员藏身房间，分别连续对 5 名助训员果断吠叫示警，每名助训员立即打开房门予以犬充分奖励。重复以上训练，提升太仓犬分化微小气味的能力，增强其搜索耐力和连续示警能力。

三、使用能力训练

南昌警犬基地目前开展了箱体搜救训练、废墟搜救训练、野外搜救训练等多种专项训练，全面提高太仓犬在不同环境下的搜救能力，为实战使用打下坚实基础。

（一）箱体搜救训练

1. 训练目的

培养太仓犬在复杂环境中搜索被困人员的能力，使其能快速、准确、果断地对隐藏在箱体内的助训员做出示警反应，为实战使用提供有力支撑（图 5-26）。

图 5-26 箱体搜救训练

2. 训练器具

搜救箱 20 个、长牵引绳、训练用玩具、咬枕、干扰物等。

3. 口令、手势及主要非条件刺激

口令：“搜”。

手势：右手指向需要搜索的目标。

主要非条件刺激：食物或物品逗引、抚拍奖励等。

4. 训练方法及步骤

第一阶段：基于简单环境，设置单个搜救箱，强化太仓犬发现隐藏助训员的能力。助训员充分逗引犬，迅速进入箱体隐蔽，不放置嗅源，打开箱体下方自带的孔洞。训导员立即牵引犬至箱体区域，下达“搜”的口令，伴随手势指

引，犬通过对箱体孔洞探求，在发现助训员的同时，助训员持食物予以连续奖励。此时训导员需密切观察太仓犬反应，在其意犹未尽时，抱住太仓犬向后移动 5m，再次发出“搜”的口令，伴随手势，犬重新定位助训员位置，就会再次得到奖励，不断拉长犬与箱体的距离，助训员以打开箱门抛物衔取结束训练，奖励的同时培养太仓犬搜索的动力和兴奋性。

第二阶段：增加箱体数量，增强干扰气味，强化太仓犬的搜索耐力和抗干扰能力。在封闭场地，摆放搜救箱 20 个，助训员藏于其中一个，并在其他箱体内放入衣物、鞋帽、食物等干扰物，犬需逐一嗅认每个箱体，细致分辨助训员气味，排除干扰，最终准确锁定目标箱体，果断吠叫示警，助训员及时走出箱体，给予犬充分奖励。如犬对衣物等附着人体气味的物品产生误判，训导员需及时纠正，说明犬的分化能力还有待提高，需要单独开展针对性训练，直至发现助训员藏身位置，果断示警。助训员走出箱体，给予犬充分奖励。通过不断对比训练，太仓犬的分化能力会显著提升，逐渐排除干扰气味，精准识别目标气味。

第三阶段：增加助训员数量，由已知搜索条件逐渐转为未知搜索条件。此阶段助训员增至 5 人，于搜索前 1 小时分别藏于不同箱体，训导员不知具体藏身位置，仅凭犬的嗅觉独立搜索。犬需逐一排查，准确分辨各助训员气味，最终锁定目标并示警。此阶段着重培养犬独立判断与决策能力，助训员及时现身奖励，巩固犬的搜救技能与自信心。训练过程中，训导员需不断变换隐藏位置、时间和助训员数量，增强犬的应变能力，加强训导员对犬体语的了解。

5. 常见问题及应对措施

（1）搜索专注度欠佳、兴奋性不持久　主要原因：犬对搜索游戏欲望较低，易受外界环境因素干扰，也可能是日常管理不严。

解决办法：对于搜索动力较弱的犬，助训员可通过变化奖励方式来调整犬的搜索欲望，使用咬枕等玩具激发其兴趣，逐步增强其搜索动力。若犬出现疲劳或注意力分散，应适当缩短训练时间，增加休息频率，加强犬日常行为习惯的管理。

（2）示警不果断　主要原因：犬对目标气味的分化能力不够敏感或示警动作不明确、不熟练。

解决办法：加强犬对目标气味的敏感度训练，通过多次重复气味鉴别分化训练，使其对人体气味形成深刻记忆；同时细化示警动作的规范性、及时性，合理利用及时奖励和延时奖励，确保犬在发现目标气味时能够准确、果断地示警。

(3) 易出现漏搜箱体　主要原因：漏搜箱体主要源于犬的搜索习惯，训导员过早开展自由式搜索，牵引式搜索开展较少。或是犬过于兴奋，同时助训员隐藏的位置经常靠后，导致犬习惯性忽略靠前的区域。

解决办法：训导员应调整搜索顺序，先引导犬从靠前的箱体开始搜索，逐步培养其全面搜索习惯，增加牵引式搜索频率，确保犬不遗漏任何区域。同时，助训员需随机变换隐藏位置，避免犬形成固定搜索模式，提升其搜索的全面性和准确性。训导员还需密切观察犬的反应，适时调整训练强度，确保犬在最佳状态下进行训练。

(二) 废墟搜救训练

1. 训练目的

提升搜救犬在复杂废墟环境中的搜索与救援能力，模拟真实地震场景，增强犬对坍塌建筑结构的适应性和目标定位准确性。通过在拆迁旧址等多样化场地进行实战化训练，太仓犬能够在不稳定地形和多变环境中保持高效搜救状态，确保在紧急情况下迅速、精准地发现被困人员。

2. 训练器具

人和犬防护装备、长牵引绳、训练用玩具、咬枕、干扰物等。

3. 口令、手势及主要非条件刺激

口令："搜"。

手势：右手指向需搜索目标。

主要非条件刺激：食物或物品逗引、抚拍奖励等。

4. 训练方法及步骤

此训练较难的准备条件为场地条件，南昌警犬基地研发了"城镇化环境警犬嗅觉作业训练平台"（以下简称"训练平台"）。训练平台模拟城镇化硬质场地环境条件，为三层结构。上层覆盖 600mm（长）×600mm（宽）×60mm（厚）的水泥、瓷砖、木质三种材质的方块，紧密铺贴；中间为架空层，由纵向砌成的约 350mm 高的水泥砖块垛墙作上层支撑；下层为基底层，以水泥浇筑作底。平台在盖板反面设计有气味通道系统，以不锈钢材质方盒固定于盖板背面，用于隐藏目标气味，气味透过盖板凿通的对应孔洞向上散发，防止犬用视觉作业代替嗅觉作业，防止形成寻找地面凹凸或缝隙等地形的不良联系。盖

板还建有出球奖励通道，设计直径 10cm 的出球孔，助训员扮演被困人员藏于平台基底层的通道内，通过出球孔对太仓犬进行奖励，训练平台具备废墟特征的搜索条件，确保环境复杂度与真实场景相似（图 5-27）。

图 5-27　训练平台

第一阶段：犬需在训导员引导下熟悉平台结构，逐步适应复杂环境。训导员控制好犬，助训员兴奋逗引犬，在犬的注视下将训练用玩具投入气味通道，激发犬的搜索兴趣。随即助训员迅速隐蔽在训练平台相应通道内，训导员立即发出“搜”的口令并伴随手势指向助训员隐蔽区域，带犬展开搜索。犬通过灵敏的嗅觉，逐步接近目标区域并精准锁定助训员位置。训练初期可由助训员通过出球孔给予直接奖励，随着犬对平台的熟悉，逐步减少助训员的直接奖励，改为训导员间接奖励，以强化犬的独立搜索能力。

第二阶段：增加干扰物，加大搜索范围，提升犬在复杂环境中的抗干扰能力和作业耐力。犬在第一阶段训练基础上，逐步适应更多变的环境因素。训导员在训练平台上布置多种干扰物，如废旧物品、噪声源等，模拟真实搜救场景，并且在犬的注视下，在多个通道内设置气味疑点，训导员遮挡住犬的视线，助训员迅速藏于其中一个通道内。训导员立即发出“搜”的口令并伴随手势指向搜索区域，犬需在干扰中保持专注，通过嗅觉逐一排查疑点，并扩大搜索范围，最终锁定助训员位置。此阶段逐步延长搜索时间，以增强犬的耐力和专注力，确保其在此训练条件下高效作业。

第三阶段：由已知条件转为未知条件，增加助训员数量，模拟多犬协同实战训练，训导员在训练平台上设置动态障碍，如移动的遮挡物、噪声等，培养犬的综合应变能力。训导员在平台上增设多个隐蔽点，音响播放噪声干扰犬的听觉，多名助训员随机隐藏。训练初期，训导员需进行牵引式搜索，点对点开展训练，犬的数量也由少到多，以避免犬示警之后的相互影响。在训导员的引导下，犬需独立判断、快速精准定位。通过多次针对性训练，逐步形成有序的多人多犬协同作战模式。最终，犬能在多干扰、多目标的复杂条件下，精准锁定目标，予以犬充分奖励。训导员逐步减少牵引，令犬自主冷静搜索，多犬协同配合。

5. 常见问题及应对举措

（1）犬过度依赖训导员、搜索过程中易受干扰　主要原因：牵引式搜索过多，或对犬搜索过程中口令控制过多，造成犬压力过大。

解决办法：加强独立性训练，逐步减少训导员引导；允许犬自主决策，适当增加无牵引搜索训练，减少口令干预，缓解犬的心理压力，提升其独立搜索和抗干扰的能力。

（2）搜索效率较低　主要原因：训练强度不足或奖励机制不完善。

解决办法：逐步提升训练强度，优化奖励机制，确保奖励及时且具有吸引力，激发犬的积极性，同时注重训练的多样性和趣味性，避免单一重复导致的抑制。

（3）示警不准确　主要原因：犬捕捉微量气味的能力不足或环境适应能力差，导致定位不准确。

解决办法：加强气味分化专项训练，增加不同环境下的适应性训练。在作业过程中，通过排除可疑区域，不断缩小搜索范围，提高犬的嗅觉灵敏度和环境适应力，确保示警精准无误。

（4）多犬协同配合不佳　主要原因：多犬间缺乏默契或训练量不足，导致部分犬在示警时影响到其他犬的作业状态。

解决办法：在同一场地，增加多犬协同训练，犬的数量由少到多，加强日常管理，包括集体服从科目训练、日常饲喂等，采取每犬单独奖励，避免犬只争抢奖励，确保犬之间形成良好互动，而非相互干扰。

（三）野外搜救训练

利用自然障碍如树木、山丘、水域、山洞等，增强犬的穿越、攀爬、游泳等技能，模拟真实搜救场景，逐步提升犬的环境适应力和搜救效率（图 5-28）。

1. 训练目的

在野外环境下，培养太仓犬根据训导员的指挥在复杂地形、极端天气情况

图 5-28　野外搜救训练

下的搜救能力。作业过程中，培养犬克服自然障碍、高低温、狭小空间等多种挑战，保持高度专注，发现走失人员、被困人员等果断示警的能力。

2. 训练器具

人和犬的防护装备、长牵引绳、训练用玩具、咬枕、干扰物、铲子等。

3. 口令、手势及主要非条件刺激

口令："搜"。

手势：右手指向需搜索目标。

主要非条件刺激：食物或物品逗引、抚拍奖励等。

4. 训练方法及步骤

在经过野外环境适应性训练、体能耐力训练和服从性训练后，犬在开展搜救相关技能训练时，会快速进入工作状态，极大地减少适应时间。

第一阶段：培养太仓犬野外环境基础搜索能力。选择清静且安全的封闭场地，训导员控制好犬，助训员兴奋逗引犬，并留下嗅源载体，在犬的注视下，隐蔽在犬视线范围内的障碍物后，呼唤犬的名字，激发其搜索欲望。训导员随即引导犬嗅认嗅源，下达"搜"的口令，同时用右手指向助训员藏身方向，犬迅速进入搜索状态，穿越障碍物寻找目标。发现助训员后，犬吠叫示警，助训员立即给予奖励。多次重复以上训练，直至建立犬能根据嗅源气味搜索助训员的兴奋联系。

第二阶段：引导犬在复杂地形中独立搜索，逐步增加障碍难度、搜索范围和延迟时间，直至犬能自主应对各类复杂环境，精准锁定目标。选择复杂地形，如含有山地、密林、荆棘、水域的场地，训练前选择好隐蔽性强的目标点。训导员控制好犬，助训员兴奋逗引犬，留下嗅源后开始隐蔽，训导员随即将犬带离，防止犬产生较强视觉记忆。助训员在隐蔽过程中应刻意穿过不同地形，使犬在搜索路径上需攀爬障碍、穿越荆棘和水域等，增强其穿越复杂地形的攀爬能力、平衡能力和涉水能力等。助训员隐蔽 1 个小时后，训导员带犬至搜索区域，付与犬嗅源后，下达“搜”的口令并伴随手势，犬迅速展开搜索，穿越山地、密林，灵活应对荆棘、水域等障碍，训导员根据犬的搜索状态，灵活使用“搜”“来”“好”的口令，在犬明显跑出搜索区域后适时引导其回归。犬发现目标后，果断示警，训导员立即给予奖励，在终点位置充分与犬互动，强化犬的记忆与信心。多次重复以上训练，不断变化助训员和增加延迟时间，培养犬在搜救作业中的分化能力，直至犬能在复杂环境中自主搜索，精准锁定目标。

第三阶段：强化实战演练，模拟真实搜救场景。选择恶劣天气条件，如下雨、刮风等，并含有多种自然障碍的场地，两名助训员模拟在此区域内走失人员。一助训员在搜索起点放置嗅源 1 个，另一助训员不放置嗅源，隐蔽路线随机布置，延时 2 小时，分别沿两个方向选择隐蔽处。训导员对搜索条件完全未知，此时应制订搜索计划，划定搜索范围，根据地形特点、风向合理分配犬的搜索路径，尽量选定下风口作为搜索起点，付与犬嗅源，下达“搜”的口令并伴随手势指引，令犬开始搜索。穿越复杂地形时，训导员应密切观察犬的反应，适时调整搜索状态，如犬体能下降，给予犬充分的休息时间；犬出现对陌生环境、气味的恐惧和焦虑反应时，训导员应予以爱抚和鼓励，确保犬保持兴奋和专注。训导员在犬搜索过程中，灵活使用口令和手势，引导犬逐步缩小搜索范围，不偏离预定方向。当犬根据嗅源气味正确锁定第一名助训员并示警后，训导员立即给予奖励，记录搜索时间与路径，随后继续引导犬搜索第二名助训员。犬在复杂环境中保持高度专注，逐步排除干扰气味，最终成功锁定目标并示警，训导员再次给予奖励并记录，强化犬的实战能力。通过反复模拟实战训练，训导员及太仓犬首先在心态上对实战使用做好充分准备；其次在复杂环境中的默契配合程度不断提升，犬的搜索效率和准确性也显著提高。每次模拟训练后，训导员详细记录犬的表现，分析其优缺点，针对性地调整训练方案，并可渐进式地增加走失人员的数量、扩大搜索范围、开展多犬协同作战、进行夜间作业等，同时模拟助训员隐蔽在树上、悬崖等开展太仓犬的高位搜索。通过不断优化训练方法，训导员与犬的配合愈发默契，不断提升犬的实战能力。

5. 常见问题及应对举措

（1）犬作业成功率低　主要原因：训练难度提升过快，基础未打牢。

解决办法：训导员应根据犬的实际训练状态，调整训练难度，逐步叠加，避免操之过急。例如，增加助训员隐蔽的延迟时间，就应缩小搜索范围；增加搜索助训员数量，就应在相对清静、自然障碍物少的场地开展，以此类推。

（2）易出现漏搜　主要原因：犬自由式搜索过多，牵引式搜索过少，或是犬的服从性不够导致无序搜索。

解决办法：训导员应加强日常管理，优化训练习惯，增强犬对唤回科目和根据手势搜索的服从能力，进而规范搜索路径，并有意识地记录漏搜区域，指挥犬进行再次搜索，直至犬能覆盖每一区域。

（3）犬作业兴奋度不持久、不专注　主要原因：训练中可能出现体能耐力不足、训练环境单一或奖励机制不完善等情况。

解决办法：单独进行体能训练，对心肺功能、肌肉力量等进行针对性锻炼，给予适当休息，并通过游戏等方式恢复其活力；丰富训练环境，调整奖励方式，在日常训练场地上多进行抛物衔取，与犬兴奋互动，且奖励的物品也应经常更换，保持新鲜感。

第三节　太仓犬搜爆能力训练

搜爆能力是太仓犬作业能力的重要方面。针对太仓犬的特性，培养太仓犬良好的作业形式、对爆炸物气味的稳定联系及果断的示警能力是本节训练的主要内容和目的。同时对照警犬安检搜爆实战需求，通过针对性训练使太仓犬逐步具备搜爆实战使用的工作能力。

一、目的与要求

培养犬按照训导员指挥，积极、有序、细致搜索以及发现爆炸物气味果断准确示警的搜爆作业能力。

二、训练条件

训练环境：房间、车辆、箱包、场地。

气味条件：黑火药、硝铵炸药、乳化炸药、手枪子弹等。

训练器具：响片、鉴别罐、镊子、手套、纱布、指引杆等。

三、训练步骤和方法

（一）作业基础能力培养

本阶段训练主要是培养太仓犬搜索房间、车辆、箱包及场地的基础作业形式，培养太仓犬初步的示警能力和搜索积极性。

1. 利用食物动力训练

（1）响片（图 5-29）植入训练　准备牛肉块、火腿肠、大颗粒犬粮等软且不易碎的奖食（图 5-30），选择安静的训练场地，如犬舍、小房间等。此训练一是让犬熟悉响片，二是让犬对响片的“咔嗒”声音建立条件反射，训导员在每次给予犬食物、抚拍等强化时按动响片，每次按响片都给予犬强化，直至犬听到“咔嗒”声音就会出现停顿寻找强化物时，可进行下一阶段训练。

图 5-29　响片

① 行为标记训练。对于需要的行为要用响片进行及时、准确的标记，犬的行为可以通过诱导、捕捉、标的物等方式促成。坐或卧下标记训练：准备食物和安静的封闭训练场地，训导员带犬进入训练场，让犬在训练场自由活动，经过熟悉响片阶段的训练，犬会主动尝试做出可以获得训导员奖食的行为，当犬出现自主坐、卧下时，立即按动响片同时进行食物强化，若犬长时间无法自主做出被强化的行为，训导员可进行诱导坐或卧下，再及时标记强化，如此反

图 5-30 奖食

复训练即可完成坐、卧下标记训练。触碰标的物标记训练：训导员提前在训练场放置一张卡片、单个鉴别罐等作为标的物，然后带犬进入训练场，当犬在训练场上寻找、探求，触碰到标的物时，训导员立即按动响片同时进行食物强化，如此反复训练，即可完成标的物标记训练。

② 塑形训练。以坐或卧的示警训练为例。训导员提前放置标的物，带犬进入训练场，犬第一时间会对标的物进行触碰，此时不按压响片标记和奖励，待犬探寻后坐或卧于标的物前，立即按下响片标记并给予食物，若犬长时间不能出现坐或卧的行为，训导员可诱导犬坐或卧于标的物前，然后及时标记并进行食物奖励，如此反复训练，犬可逐步形成坐或卧的示警基础能力。如需要犬的其他行为，可用此方法进行塑形。

（2）气味联系及分化训练　此阶段可通过搜索鉴别罐完成（图 5-31）。训导员提前将放有爆炸物的单个鉴别罐放置在训练场，带犬进入训练场后，犬主动探索嗅认鉴别罐，训导员及时标记并奖励，如此反复训练一段时间后，增加一定数量的空鉴别罐，在犬只对放有爆炸物的鉴别罐示警时才标记并奖励，使犬逐步形成爆炸物的气味联系。当犬能完成多个鉴别罐嗅认，且只对放有爆炸物的鉴别罐示警后，再在空鉴别罐中加入卡片、香皂、烟盒等干扰物，经过一段时间训练，逐步培养犬具备较强的气味联系及分化能力。

（3）基本搜索形式训练　首先培养犬对房间、车辆、箱包、场地等搜索形式的兴趣。训导员先带犬熟悉搜索环境，待犬熟悉后，进行单个点的嗅认标记训练。犬进入搜索形式中，主动嗅认或训导员辅助指嗅，及时标记并奖励犬的嗅认行为，如此在各搜索形式中的不同点进行反复标记训练，使犬对四种搜索形式都产生嗅认兴奋性，即可进行下一步训练。结合上一阶段气味联系训练，训导员可提前在搜索形式中放置爆炸物，训练初期放置的位置可尽量靠近搜索

图 5-31　太仓犬鉴别罐爆炸物气味联系及分化训练

起始点，然后牵引犬进入搜索形式进行搜索，犬嗅认发现爆炸物气味后示警，立即奖励犬。另外，训练初期也可以将装有爆炸物的鉴别罐直接放置在搜索形式中，其他位置放置几个空罐，便于犬更快适应搜索形式，同时巩固爆炸物气味联系。如此反复在各搜索形式中练习，直至犬能兴奋地在各搜索形式中完成搜索爆炸物的任务，此训练阶段结束。

2. 利用猎取动力训练

搜索形式寻物能力及爆炸物气味联系训练。此阶段训练须在犬有一定衔取欲望后，准备太仓犬比较喜欢的训练物品，如小弹力球、动物皮毛等，同时附着爆炸物气味（图 5-32）。

图 5-32　太仓犬集体衔取逗引训练

（1）室外场地搜索训练　首先，进行场地抛物衔取训练（图 5-33）。找一开阔草地，训导员充分逗引犬后抛出衔取物 10m，物品抛出时一定要让犬看见，犬兴奋衔回后与犬进行拔河游戏。逐渐延长抛物距离，提升犬的耐力与动力水平，直至犬能顺利完成每一次训练，并对训练保持高涨的欲望。其次，在上述训练的基础上，进行场地隐蔽式衔取训练。训导员带犬至草地，拿出附着爆炸物气味的衔取物逗引犬，待犬兴奋后，在犬的注视下将衔取物抛至 10m 外，助训员立即捡起衔取物隐藏于草丛、石缝、坑内等地，随后训导员立即牵引犬搜索衔取物，同时下达“嗅嗅”或“搜”的口令。因犬获得衔取物的难度有所增加，犬须通过嗅觉作业，嗅认搜寻找到衔取物，犬找到物品后，训导员及时充分奖励犬，如此反复训练一段时间，同时不断变化藏物品的位置，不断提升犬的爆炸物气味联系及找寻物品的积极性。最后，进行场地搜索爆炸物训练，训导员提前将爆炸物放置在草地任意位置，带犬至草地前，拿出另一个衔取物逗引犬，待犬兴奋后，在犬注视下将衔取物抛至场地搜索起始位置，助训员随即捡起衔取物佯装藏匿，随后训导员指挥犬进入草地搜索，下达“搜”口令，待犬搜寻到爆炸物后，及时充分奖励犬，反复训练，直至犬能兴奋地在草地中搜寻爆炸物，此阶段训练结束。

图 5-33　室外场地抛物衔取训练

（2）室内搜索训练　相对户外环境，太仓犬对室内环境较为敏感，训导员需多花时间带犬至室内训练区域活动，逐步降低其对室内环境的敏感性，要多鼓励犬主动探求，同时在室内多玩耍、游戏，待犬初步适应后，再开展室内的搜索训练。首先，进行抛物衔取训练，训导员带犬至室内训练场地，用附着爆炸物气味的衔取物逗引犬，犬兴奋起来后，在犬的注视下将物品抛至打开的柜子里、门后面或桌子附近等位置，再牵犬前去衔取物品，犬衔取物品后充分奖励犬。将物品抛至室内不同位置，反复训练，不断提升犬衔取积极性及对室内环境的适应性。其次，犬完全适应室内环境后，开始进行搜索附着爆炸物气味的衔取物品训练。训导员带犬至室内训练场地，助训员逗引犬后，在犬注视下将物品抛出再捡起隐藏或者提前放置好衔取物品并在起始点佯装隐藏，随后训导员下达“搜”的口令及手势，牵引犬以顺时针方向对室内进行搜索。当犬在搜寻过程中出现明显的搜索嗅认行为时，及时口令奖励犬，同时可持镊子或指引杆引导犬对室内高低不同位置进行搜索，并观察犬的作业表情，当搜到衔取物品时，及时奖励犬。衔取物品的隐藏位置根据搜索顺时针方向由近及远放置，根据犬搜索积极性逐渐提升难度。最后，进行室内搜索爆炸物训练。提前在室内某一位置放置好爆炸物，随后训导员带犬至室内训练场地，助训员使用衔取物逗引犬，再抛物佯装隐藏，训导员下达“搜”的口令及手势，当犬搜索到爆炸物后，及时奖励犬，如此反复训练后，可根据犬的搜索情况决定是否取消搜索前助训员的逗引。

（3）车辆搜索训练　首先，进行车辆内、外抛物训练。训导员需经常带犬至车辆边玩耍，消除犬对车的被动反应，犬表现自然后，将衔取物品扔至车轮旁边或车底，犬能兴奋衔出，及时充分奖励犬并与犬进行拔河游戏（图 5-34）。犬能顺利完成车辆外衔物训练后，再开展车辆内衔物训练。先从车外抛物至车内，犬能顺利完成衔取后，再进行车内抛物训练，犬完成每次衔取后都要进行充分奖励，直至犬完全适应车辆内部环境，能在训导员的牵引或指挥下上下自如。其次，在上一阶段训练的基础上，开展搜索附着爆炸物气味的衔取物品训练。训导员带犬至车辆边，助训员逗引犬后，在犬的注视下将物品抛出再捡起隐藏，或者提前放置好衔取物品并在起始点佯装隐藏，训导员下达“搜”的口令及手势，牵引犬以逆时针方向对车辆进行搜索。当犬在搜寻过程中出现明显的搜索嗅认行为时，及时用口令奖励犬，持镊子或指引杆引导犬对车辆高低不同位置进行搜索，密切观察犬的作业表情，当搜到物品时，及时奖励犬。最后，进行搜索爆炸物训练。提前在车辆某一位置放置好爆炸物，随后训导员带犬至训练车辆边，助训员用物品逗引犬并佯装隐藏后，训导员下达“搜”的口令及手势，当犬搜索到爆炸物后，及时奖励犬，反复训练后，根据犬的搜索情况决定是否取消搜索前助训员的逗引。

（4）箱包搜索训练　训导员训练前带犬对纸箱、行李箱等各类箱子进行

图 5-34　车辆外衔物训练

适应训练，训练前带犬探求、嗅闻用于训练的箱包，达到对箱包初步适应的目的（图 5-35）。首先，进行箱包内抛物衔取训练。训导员提前准备 3～5 个箱包，不规则开口摆放，随后带犬至训练场地，在犬的注视下，使用附着爆炸物气味的衔取物逗引犬，待犬兴奋后将衔取物抛至一箱包内，再令犬去箱包内衔取物品，将物品抛至不同的箱包内，反复训练，犬能积极兴奋自然地完成每一次衔取后转入下一阶段训练。其次，进行搜索附着爆炸物气味的衔取物品训练。训导员提前准备各类箱包 5～8 个，有序或杂乱摆放，箱包自然合盖、不封口，随后训导员带犬至箱包前，助训员用训练物品逗引犬，在犬的注视下快速将物品放入其中一个箱包，训导员迅速下达“搜”的口令，指挥犬进入箱包，并用“好”口令鼓励犬的搜索、嗅认箱包行为。当犬找到衔取物品并试图获得物品时，可鼓励犬自行衔出或帮助其得到衔取物，及时奖励犬。最后，进行搜索爆炸物训练。提前在一个箱包内放置好爆炸物，随后训导员带犬至搜索起始位置，助训员用衔取物逗引犬，抛出后捡起并在第一个箱包处佯装隐藏，训导员随即下达“搜”的口令及手势，从第一个箱包开始搜索，当犬搜索到隐藏爆炸物的箱包后，立即奖励犬。如此反复训练，并在每次训练中不断变换隐藏爆炸物箱包的位置，同时根据犬的搜索情况决定是否取消搜索前助训员的逗引。

在这一阶段，在保持犬搜索兴奋性的基础上，要逐渐控制太仓犬在作业过程中出现的扒、咬、衔等行为。

图 5-35 箱包适应训练

（二）作业能力提升训练

主要包括巩固犬的搜索形式，提升犬的搜索耐力，培养犬对不同种类爆炸物的气味联系，适应不同包装的爆炸物、干扰物品训练及未知条件专项训练。

1. 有序搜索能力训练

（1）室外场地有序搜索训练 培养犬按照一定顺序对场地进行细致搜索的能力。室外场地搜爆通常以“S”形搜索路线进行（图 5-36），具体训练方法是：训导员提前在场地规划一条“S”形线，在线上布设若干个可隐藏爆炸物的隐藏点，在其中一个隐藏点放置爆炸物。准备就绪后，训导员带犬至训练场，选择好搜索起始位置，在犬的注视下将衔取物抛向第一个隐藏点附近，助训员立即捡起衔取物，在几个隐藏点佯装藏物，最后在第一个隐藏点佯装藏物结束。训导员牵引犬进行搜索，控制犬沿着设定的“S”形线嗅认搜索，若犬嗅认不仔细，可辅以指嗅帮助犬，当犬发现爆炸物并示警后，立即奖励犬。每次训练选择不同的隐藏点，前期主要是以牵引辅助搜索为主，当犬具备初步的有序搜索能力并可随时唤回时，可逐步尝试让犬进行自由式搜索。此训练初期需有主人帮助引导，同时场地面积不宜过大，随着能力的提升，增加搜索场地面积，搜索场地面积较大时，可以将大块场地分割成若干块逐一进行搜索。

（2）室内、车辆、箱包有序搜索训练 室内有序搜索是指犬在室内以顺时

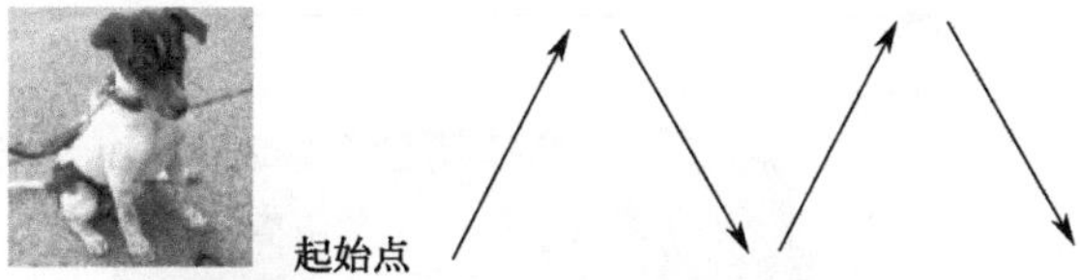

图 5-36　太仓犬场地有序搜索形式

针搜寻方式进行搜索（图 5-37），车辆有序搜索是指犬对车辆进行逆时针搜索（图 5-38），箱包有序搜索是指犬按箱包摆放顺序逐一搜索（图 5-39）。此三种搜索形式的有序性培养训练方式基本类似。初期训练，都需要训导员或助训员在搜索形式中按照搜索顺序佯装藏物，并在犬嗅认起始位置佯装结束，指挥犬搜索过程中以牵引为主，若犬搜索时中途未按照顺序进行，训导员可进行适当控制并指嗅引导，直至犬有序搜索到爆炸物，对犬充分奖励，结束训练。反复训练，直至犬在作业过程中能按要求有序进行搜索。

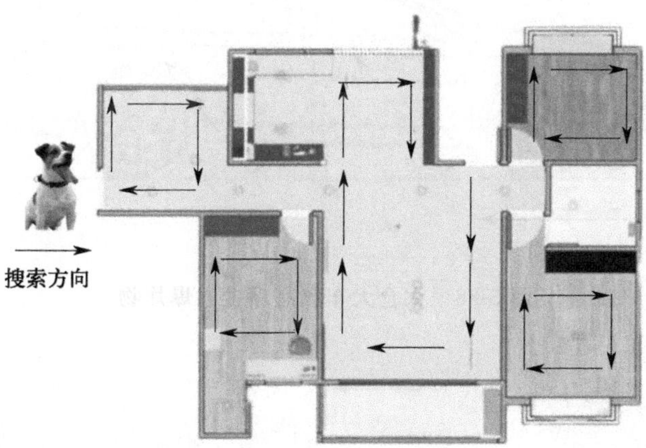

图 5-37　太仓犬室内有序搜索爆炸物

当犬在牵引并不被施以控制的状态下，具备初步的按序搜索能力后，可逐步去除搜索前的佯装藏物行为，同时可逐步开展自由式搜索训练，培养犬能自主有序进行上述三种形式的搜爆作业。

2. 搜索作业耐力训练

警犬搜索作业耐力是衡量其作业能力的标准之一，太仓犬精力充沛，增加其在搜索作业中的有效持续搜索时间，是提高搜爆犬实战作业效率的需要，更是本土警用犬种独特优势的体现。主要从以下方面进行训练：首先，体能训练，通过带犬跑步、互动游戏、跳跃障碍等逐步提升犬的身体素质；其次，充

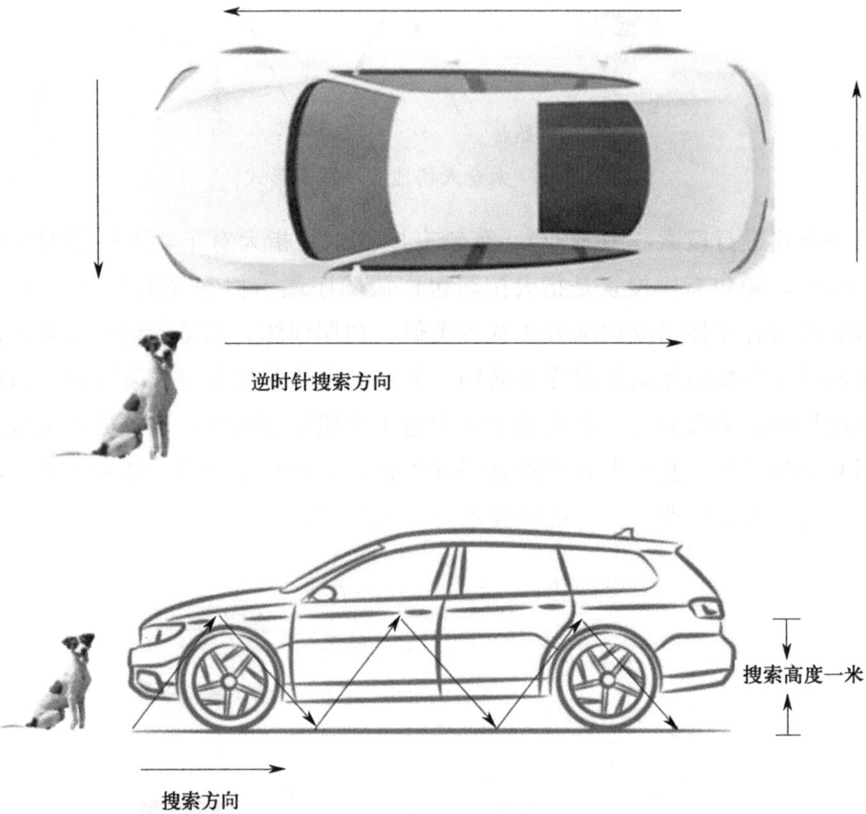

图 5-38　太仓犬车辆有序搜索爆炸物

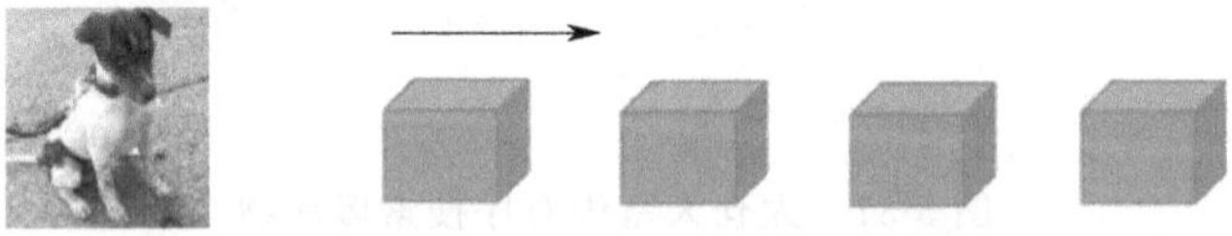

图 5-39　太仓犬箱体有序搜索爆炸物

分利用好各种奖励强化手段，训练时一定要及时充分奖励犬，提高犬的搜索作业积极性；最后，合理设计训练，根据太仓犬的特点，循序渐进安排训练，观察记录每次训练的作业情况，遇到情况及时调整训练方案。

3. 多种类爆炸物搜索训练

随着犬作业能力的提升，要加速巩固犬对多种爆炸物气味的联系，并注重犬对同种类爆炸物不同量级气味稳定反应能力的培养。先进行不同种类爆炸物气味训练，当犬具备稳定的单一爆炸物气味联系后，可将新爆炸物与犬已建立气味联系的爆炸物放置在一起，多次训练后，再去除已建立气味联系的爆炸物，犬会自然地对新爆炸物气味建立联系。犬对目标物气味建立联系的训练方法很多，在此不一一列举。当犬对三种以上爆炸物形成初步气味联系后，需要通过加强训练进一步巩固气味联系，同时进行不同种类的爆炸物之间的交叉训练、同一个爆炸物不同量级目标物的训练，强化犬的气味分化识别能力，确保犬对不同种类、不同量级爆炸物形成稳定准确的气味联系和果断反应的能力。

4. 不同包装条件下搜索爆炸物训练

训练过程中，一般都会对爆炸物进行包装。进行不同包装条件下的搜索爆炸物训练，一是要使犬适应特定爆炸物加特定包装组合的气味，二是要使犬明确搜索目标物只是爆炸物本身，与爆炸物一同出现的各类包装物无关。考虑到原料、成品制品的携带、运输及贮存条件，常用的外包装材料有塑封袋、信封、牛皮纸、胶带、塑料容器、铁质及不锈钢容器、玻璃容器等。训练中，要有计划地更换爆炸物的外包装，尽量避免犬对包装物产生不良联系。训练时可在搜索形式中加入常用的包装物作为干扰物，以检验犬是否对特定的包装物产生了不良联系。如果犬已对特定的包装物产生了错误的气味联系，要开展针对性分化训练，训练前做好训练设计，按照单项突破原则，降低其他训练条件，将特定包装的爆炸物隐藏好，按照搜索顺序，在爆炸物前间隔 1m 左右分别隐藏一个干净的特定包装物作为干扰物。准备就绪，训导员带犬从第一个干扰物前 2～3m 处开始搜索，如犬对第一个干扰物示警，训导员心态要平和，不能有情绪变化，带犬继续搜索，犬嗅认至第二个干扰物处，观察犬的反应，如犬仍然示警，带犬继续搜索，搜至爆炸物隐藏点犬示警后充分奖励。在不同形式中重复训练，直至犬只对爆炸物示警。

（三）能力复杂化训练

警犬训练的最终目的是服务实战，此阶段主要是训练犬在实战环境下的搜索作业能力，锻炼训导员在不知爆炸物具体位置、种类、数量的情况下，科学指导犬搜索作业的能力，通过模拟贴近实战场景开展训练，为太仓犬参与搜爆安检实战工作奠定基础。

1. 半未知、全未知条件下的搜索训练

此训练主要是提升训导员在全未知条件下有效指挥警犬完成搜爆任务的能

力，通过观察分析犬的作业表情，在未知条件下准确把握犬的作业状态，提升人犬配合作业的能力。一般由“半未知”训练条件逐步过渡到“全未知”训练条件，开始可针对性设置未知的难度点，如爆炸物类型已知，搜索范围未知；搜索范围已知，目标物位置未知等。待训导员充分掌握犬的作业表情，能根据犬的不同表情做出准确判断后，可开展未知条件下的搜索训练。

训练初期，可降低其他搜索条件，如选择较清静的训练场地环境，加大爆炸物的气味浓度，减小干扰物的气味浓度或爆炸物放置在犬易嗅认的位置等，通过由简到繁逐步提升训导员对犬作业能力的自信心。进入搜索形式前，训导员可对犬进行逗引，再指挥犬进行搜索，训导员需仔细观察犬搜索时的作业表情。当犬发现目标物时，隐藏爆炸物的助训员应及时告知正确与否，示警正确则及时奖励犬；示警错误则指挥犬继续搜索，直至发现爆炸物正确示警，再予以奖励。反复训练，直至在未知条件下人犬能有效配合完成搜爆任务。

2. 抗干扰物搜索训练

旨在增强犬对干扰气味的识别分化及抗干扰和诱惑能力，提升犬对爆炸物气味的兴奋反应。可从两个方面开展训练。一方面，通过罐内鉴别分化训练，准备好日常生活中常见的洗护用品、零食、衣服、电子产品、包装物、玩具等作为干扰物，以各类爆炸物作为目标物，进行分化专项训练。另一方面，在不同搜索形式的训练中循序渐进地加入干扰物。训练前将干扰物随机放置在搜索场景的任意位置，干扰物的种类也尽可能广泛。指挥犬搜索，如果犬对干扰物产生错误示警行为，训导员引导犬继续进行搜索，找到目标物后给予奖励。经过多次训练，直至犬每次训练只对目标物正确示警，各类干扰物已不对犬的搜索作业产生干扰。

3. 实战化复杂场景训练

顾名思义，就是要按照搜爆安检时的实战工作场景开展训练。在实际训练中，一方面可以在日常训练环境条件的基础上，进行场景模拟设置，根据犬的作业水平和能力，设置爆炸物、搜索范围、现场环境、干扰物品或人员等不同条件，逐步增强犬在各类复杂场景下的搜索作业能力；另一方面可在与有关单位协调沟通的前提下，做好训练安全防范工作，带犬直接到各类场馆、街道、车站、小区、停车场等场景进行训练，巩固犬在陌生复杂场景下的作业能力。

4. 搜索人体携带爆炸物训练

通过训练，逐步培养犬在训导员的指挥下，兴奋自然、有序细致地对人群进行搜索以及发现爆炸物后果断示警的作业能力。从人群排列及运动状态的角度来看，训练的主要步骤顺序为人群适应训练、有序静态人群搜索训练、有序动态人群搜索训练、无序静态人群搜索训练、无序动态人群搜索训练。

（1）人群适应训练　训导员先带犬到车站、广场等人员较多的公共场所，让犬适应人群、人流及现场各类环境。5～10 名陌生助训员在训练场来回走动，训导员带犬在助训人群中自由穿行，犬表现自然便给予奖励，并增加犬与助训员的互动训练，如适当玩耍和游戏，当犬表现积极时，训导员给予充分的肯定和奖励。重复训练，消除犬对助训员的防御反射，逐渐增加助训员的数量，使犬适应人群。犬无不适表现后再进行抛物衔取训练，最开始可将物品抛到人少处，然后抛到人群边，最后抛到行进的人群中，直到犬能自然兴奋地将物品衔回，再进行助训员身上衔物和寻物的训练。

（2）有序静态人群搜索训练　3 名着装相同的助训员间隔 1m 依次站在距训导员和犬约 5m 处，训导员用有爆炸物气味的物品逗引犬后，将其抛向助训员。一名助训员将物品快速捡起后回到另两名助训员处，并迅速变换位置站立。助训员双手包裹物品垂直放于身前，训导员放犬或带犬走向助训员，发现目标物后，助训员给犬衔取并与其游戏，重复训练，犬每次都能顺利完成后，助训员可将物品放在裤子口袋内隐藏，犬发现后及时奖励。另外，随着犬能力提升，可逐步增加助训员数量至 10 人，着装也可随意变换（图 5-40）。

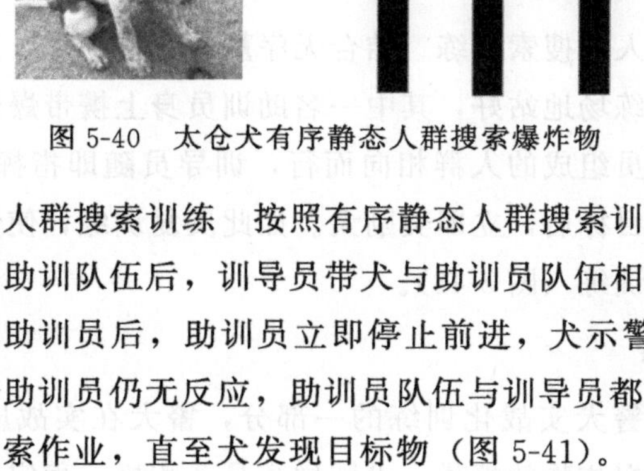

图 5-40　太仓犬有序静态人群搜索爆炸物

（3）有序动态人群搜索训练　按照有序静态人群搜索训练的程序，助训员捡起逗引物品回到助训队伍后，训导员带犬与助训员队伍相向缓慢行进。当犬发现藏有目标物的助训员后，助训员立即停止前进，犬示警后快速给予奖励；如犬搜完最后一个助训员仍无反应，助训员队伍与训导员都要转身，继续相向行进，带犬继续搜索作业，直至犬发现目标物（图 5-41）。

图 5-41 太仓犬有序动态人群搜索爆炸物

(4) 无序静态人群搜索训练 待犬具备有序搜索能力后，可进行无序分散形式搜索。训练时，五名着装相同的助训员分散站立，其中一助训员身上携带爆炸物，训导员带犬距离助训员人群 5m 处，指挥犬对分散的助训员人群进行搜索，犬逐个搜索发现目标后示警，迅速奖励犬。反复训练，同时不断变化助训员数量、着装以及爆炸物放置位置（图 5-42)。

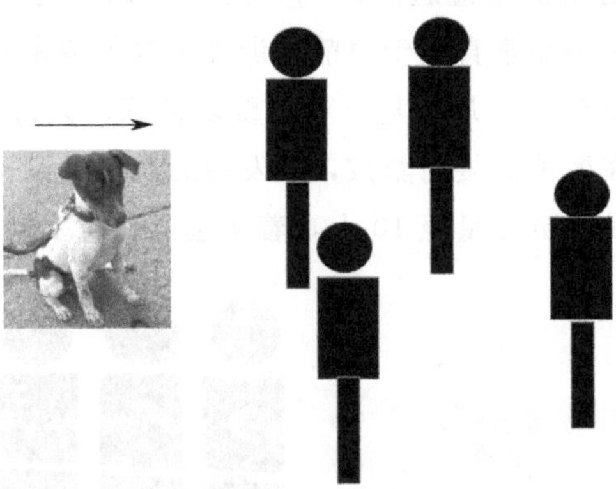

图 5-42 太仓犬无序静态人群搜索爆炸物

(5) 无序动态人群搜索训练 结合无序静态搜索训练，五名左右助训员以分散形式提前在训练场地站好，其中一名助训员身上携带爆炸物，训导员带犬至训练场，与助训员组成的人群相向而行，训导员随即指挥犬在人群中搜索，待犬逐一搜索发现目标后，立即奖励犬。如此反复训练，使犬完全适应分散形式的移动人群搜索训练（图 5-43)。

5. 否定式训练

否定式训练是警犬实战化训练的一部分，警犬在实战应用中搜索爆炸物时，经常遇到没有爆炸物的情景，犬同样需具备积极、稳定的搜索状态，配合

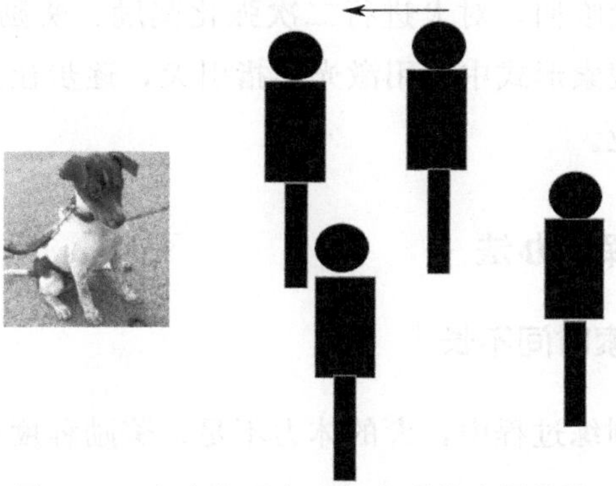

图 5-43　太仓犬无序动态人群搜索爆炸物

带犬民警完成搜索排爆任务。

否定式搜爆训练可与搜索耐力训练相结合，采用相同作业形式下先否定再肯定的训练模式。训练方法一：训导员提前准备好两块搜索训练场地，一块无爆炸物，另一块有爆炸物，随后训导员指挥犬先搜索无爆炸物的训练场，搜索过程中计算搜索时间，并时刻观察犬的作业状态，掌握犬的搜索耐力情况，若犬持续搜索完毕此训练场，未出现示警反应，及时奖励犬，休息片刻后，立即指挥犬对有爆炸物训练场进行搜索作业，待犬发现爆炸物并示警后，同样及时奖励强化犬。训练方法二：训导员找好一块较大训练场地，不放置爆炸物，带犬进行搜爆作业，结合犬平时搜索耐力情况，观察犬作业状态，待犬搜索耐力达到或出现疲态，及时带离犬并奖励强化，此时助训员将爆炸物再放入此训练场地，待犬休息片刻后，随即指挥犬继续搜索作业，待犬发现爆炸物并示警后，及时奖励强化犬。

6. 激光笔指挥独立作业

实战中警犬搜索爆炸物是有可能出现危险的，当出现重点嫌疑对象时，工作犬具备独立搜索的能力，可以最大限度保证民警人身安全。此时训导员利用激光笔对受训犬进行精准指引搜索显得尤为重要。先培养犬对激光笔的指嗅引导，可选择天色较暗的天气或天黑环境，训导员带犬至搜索场地，用激光笔指引某处近点，当犬主动过去嗅认时，立即强化奖励，如此反复训练，直至犬能跟着激光笔指引点嗅认。然后进行搜索形式中的激光笔指引搜爆训练，训导员用激光笔指向搜索形式起点位置，下达“搜”的口令使犬前去搜索，此过程中训导员与搜索形式保持一定距离，不断通过激光笔引导犬作业，待受训犬示警后，及时奖励强化。同时进行示警后的唤回训练，在犬搜索到爆炸物并得到强化之后，训导员将犬唤回，对犬进行二次强化奖励，奖励连贯、持续且充分。如此反复在不同的搜索形式中使用激光笔指引犬，逐步让犬能在激光笔的指引下独立完成搜爆作业。

四、常见问题及解决办法

（一）持续搜索时间不长

主要原因：在训练过程中，犬的体力不足、奖励程度不足等，易导致犬搜索耐力差。

解决办法：日常安排训练时需进行针对性的搜索耐力训练；对犬进行适当的体能锻炼，增强犬的身体素质；犬发现爆炸物气味示警后，应及时、充分奖励犬，避免在提升能力时弱化奖励。

（二）作业专注度不够，外抑制较强

主要原因：太仓犬原有行为习性较为自由散漫，对外界抗干扰能力较弱。

解决办法：增强犬对搜索形式的搜索动力，调整训练计划，科学合理安排训练时间，遵循“少时多训”的原则，经常变换训练环境，加强犬对环境的适应性训练，带犬适应各种复杂环境，通过环境锻炼，不断增强犬的胆量，提高警犬对搜索的兴奋性和适应性，同时训导员多在搜索形式中通过游戏奖励犬，以此增强犬的搜索欲望。另外，着重培养犬的衔取欲和占有欲，排除干扰因素，在训练形式外用物品逗引犬，当犬对物品的兴奋性压倒一切时，即可克服其他因素的干扰和被动现象。

（三）犬不能细致有序地进行搜索

主要原因：太仓犬服从性相对不强，且兴奋性过高，搜索速度快，易出现无规律搜索；同时爆炸物摆放位置比较单一、固定，造成警犬形成不良联系，直接到该位置附近找寻，而忽视对其他位置搜索等。

解决办法：需在日常训练中加强基础能力训练，利用犬的探求反射；加强指嗅训练，使警犬具备指哪嗅哪的能力。在训练前，带犬民警可以通过坐、卧、随行等抑制性科目训练，或适当散放，释放警犬的兴奋性，调节警犬的神经状态。同时，需经常变换爆炸物的摆放位置，特别是在搜索起点附近的位

置，有利于犬形成仔细搜索的习惯，经常变换搜索环境，有利于消除犬的位置记忆。训练前，可以在犬的面前将物品假送至搜索场地内，以吸引犬的注意力，让警犬明白要搜索的目标在此区域内。

（四）犬发现爆炸物气味后易做出攻击性表示

原因一：太仓犬兴奋性强，训练中示警形式不稳定或根本没有建立，发现爆炸物后，极易以扒、衔、咬的方式做出示警。解决办法：对于示警形式没有建立的，在平时的基础能力训练中，要加强坐或卧的安静示警形式训练，尽快使犬建立起稳定的示警形式。对于示警形式不稳定的犬，带犬民警可以适当地用牵引绳刺激或使用口令，使犬做出正确的示警动作。

原因二：在箱包搜索过程中，犬的兴奋点集中在箱包上，将箱包作为玩具，扒咬箱包，而完全忽视了对气味的搜索。解决办法：将警犬的注意力从箱包转移到箱包内。将箱包打开，在搜索形式中逗引犬，把物品抛入箱包，令犬搜索，发现物品后奖励犬。如果在此过程中警犬攻击箱包，则应适当进行机械刺激。

原因三：犬发现爆炸物后，奖励不及时导致其攻击埋藏点。解决办法：在警犬搜索过程中，当警犬发现爆炸物后，及时进行奖励强化。避免因奖励不及时，犬急于得到物品而攻击埋藏点。

第四节　太仓犬搜毒能力训练

一、目的与要求

训导员掌握训练的基本原理、操作方法、基本特点、注意事项，养成预见、分析以及解决问题的能力，熟练掌握太仓犬搜毒的作业表情及行为表现；培养太仓犬在多种作业环境下，形成巩固的作业条件反射。

二、训练条件

（一）气味源

1. 非法毒品

毒品是具有成瘾药理作用，在生产和使用上被列为管制范围的物质[1]。

《中华人民共和国刑法》第三百五十七条规定，毒品是指鸦片、海洛因、甲基苯丙胺（冰毒）、吗啡、大麻、可卡因以及国家规定管制的其他能够使人形成瘾癖的麻醉药品和精神药品。随着毒品的泛滥使用和新型毒品的不断出现，毒品的种类以及范围不断扩大，故毒品的管制是一种动态管制。但目前，搜毒犬开展训练所使用的毒品主要有天然毒品以及合成毒品，且主要以麻醉剂、兴奋剂为主，具体常见的有以下几类。

（1）大麻　如图 5-44 所示，是一种镇静剂、兴奋剂、致幻剂，使用历史悠久。主要有效成分为四氢大麻酚（THC）、大麻酚（CBN）、大麻二酚（CBD），其中主要精神活性物质为四氢大麻酚。THC 在吸食或口服后有精神和生理的活性作用，其含量越高，对人体的影响就越大。不同的大麻制品的物理性状不同，主要包括大麻草、大麻树脂和大麻油等。

图 5-44　大麻

（2）可卡因　源自古柯植物，由奥地利化学家从古柯叶中提纯获得，也可通过化学合成获得。其活性物质为苯甲酰甲基爱康宁，一般呈膏状、粉状，有特殊气味。

（3）苯丙胺类毒品　为兴奋剂，形式有晶体、片状、粉末、胶囊状等。

① 冰毒：化学名为甲基苯丙胺，外观为纯白色结晶体（图 5-45）。

② 摇头丸：主要有效成分为苯丙胺的衍生物 MDMA（3，4-亚甲二氧基甲基苯丙胺）、MDA（3，4-亚甲二氧基苯丙胺）等，通常为彩色片剂（图 5-46）。

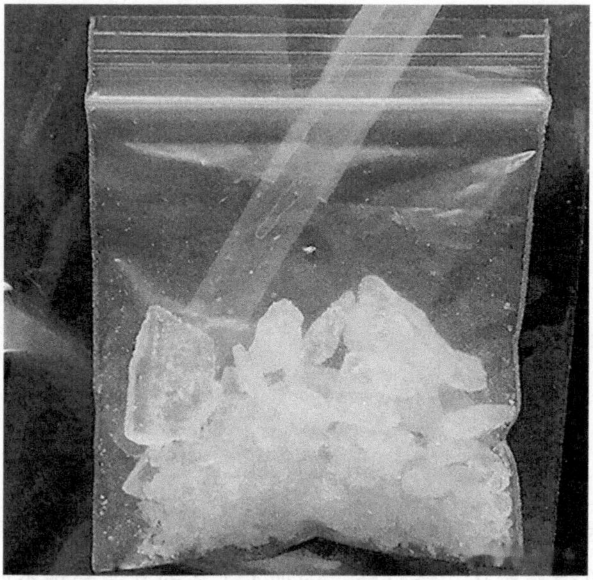

图 5-45　冰毒

图 5-46　摇头丸

③ 麻古：是一种加工后的冰毒片剂，其主要成分是冰毒，外观与摇头丸相似，属苯丙胺类兴奋剂，经化验含有甲基苯丙胺和咖啡因（图 5-47）。

（4）氯胺酮（K 粉） 化学名为 2-（2-氯苯基）-2-甲氨基环己酮，是一种白色结晶粉末。

（5）鸦片 是从罂粟蒴果乳汁中提取的天然产物，气味特异。著名的吗啡就是来自鸦片。生鸦片有类似干草的气味，有多种形状，熟鸦片呈深褐色块状，而鸦片渣呈粉末状。

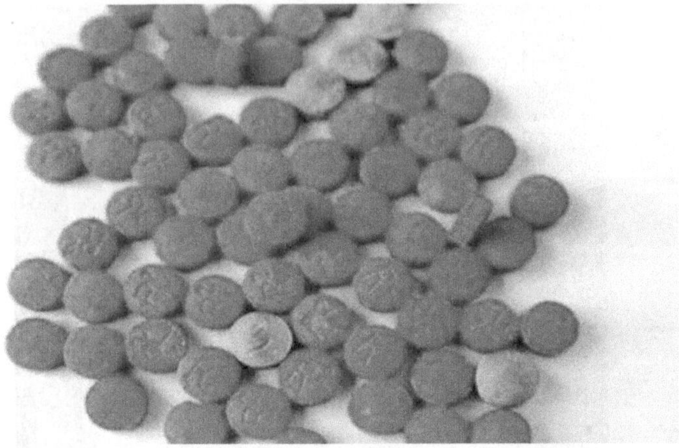

图 5-47 麻古

（6）海洛因　是由鸦片或吗啡合成的衍生物，源自德国拜耳公司。高纯度的海洛因呈白色结晶粉状，熔点高，因加工工艺差异会呈现不同细微的外观及气味差别（图 5-48）。

图 5-48 海洛因

2. 包装物

毒品及炸药在训练和使用中并不是独立存在的，毒品具有一定的包装甚至伪装，常见的毒品包装物为塑料密封袋、金属盒、纸袋纸箱、塑料盒等。

（二）训练用品

1. 响片

主要用于捕捉和标记犬的行为。在太仓犬搜毒训练中，训导员可依据训练进度和需要对响片的声音进行调节和自我编辑，如有的响片可以通过调节金属弹片的强度发出不同的声音，可用于区别不同的训练意图；再如一声响声与两声响声可以表达不同的含义，训练中可灵活使用。

2. 牵引绳及训练长绳

在训练和使用中起到控制、约束、提示受训犬的作用，同时也是受训犬与训导员间的联系纽带。其种类、材质、长短等多种多样，可依据受训犬的年龄、犬种、训练需要选择不同样式和规格的牵引绳。

3. 受训犬的衔取物品

用以诱导、奖励犬，同时也可以作为气味吸附训练用品。衔取物品的种类较多，可依据具体的训练科目、受训犬的喜好进行针对性选择。第一大类是各类棉织品，如毛巾、纱布等。第二大类是各种球类，如网球、橡胶球、木质球类等，橡胶球建议使用空心或者带有拉绳的，本身气味要小，这样有利于培养受训犬的衔取规范性和咬合力，也有利于同时建立毒品气味联系。第三大类包括各种麻制品、绳结类的衔取物品，这类物品可以满足受训犬的咬合需求，提高衔取的趣味性。第四大类是其他类，如各类皮质衔取物品、塑料制品。常见的有塑料气味棒，在搜索训练的中后期，可将气味棒进行送物衔取、隐蔽式衔取等，培养犬根据气味搜寻的能力。

4. 鉴别罐

主要用于搜毒犬对目标气味的联系和分化。便于集中气味和观察受训犬的嗅认行为，确保目标气味不被污染，方便训练操作，用后易清洗。其材质包括铸铁、塑料、玻璃、铝等，有一体成型的，也有组合式的。

三、训练步骤和方法

（一）车辆搜索训练

太仓犬能够快速适应车辆。正式训练前，将太仓犬在车辆周边充分散放，其间控制好受训犬，使其与车辆保持一定距离，避免犬嗅认车辆。

1. 第一阶段训练

将一辆普通轿车以司机位车头为起始点，逆时针顺序依次划分为 8 个区域，便于助训员与训导员沟通，标识位置，如图 5-49 所示。

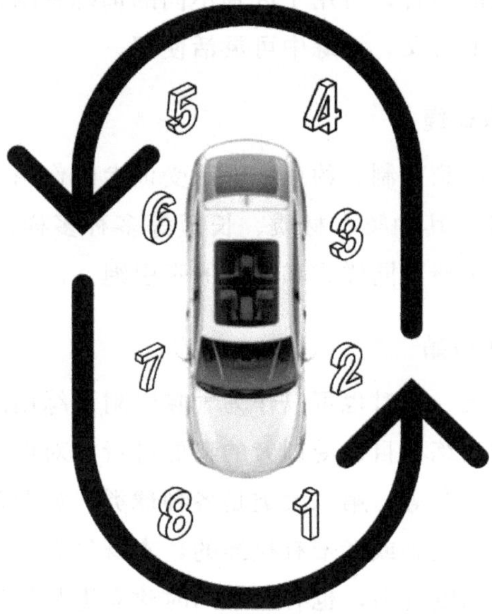

图 5-49　车辆区域划分

（1）主动式引导训练　第一步，训导员将犬带至车头方向，保持 2～3m 距离，训导员或者助训员使用受训犬喜欢的衔取物品进行逗引，吸引犬的注意力，激发犬的兴趣和猎取欲望，趁势将衔取物品放置在车头便于犬衔取获得的某处，训导员令犬去衔取，加以强化；第二步，受训犬嗅认（搜索）的起点不变，衔取物品位置呈逆时针顺序移动，并及时给予强化，强化结束后在吸引犬注意力的同时，将衔取物品抛至车辆内，关闭车门后，将犬带离；第三步，在上述训练基础上，添加毒品气味，重复上述操作，并及时给予强化。以上方式主要针对神经类型较为兴奋的犬。

（2）被动式引导训练　训导员将受训犬带至接近车辆，保持牵引绳放松，注意观察和捕捉犬对车辆的趋向行为，如靠近、接近、嗅认等。第一步，当犬注意力自发转移到车辆时，给予强化；第二步，当犬进一步进行嗅认时，给予强化；第三步，在上述基础上，在车辆周边的 8 个区域每个区域放置一个带有毒品气味的衔取物品（或衔取物品与毒品气味源一同放置），并标示具体位置，待犬嗅认并明显感受到时，给予强化。以上方式主要针对神经类型相对安静的犬个体。

2. 第二阶段训练

在第一阶段训练的基础上，逐渐增加车辆的数量开展搜索。搜索 2 辆及以上车辆的情况，分为纵向排列与横向排列。横向排列搜索顺序见图 5-50。

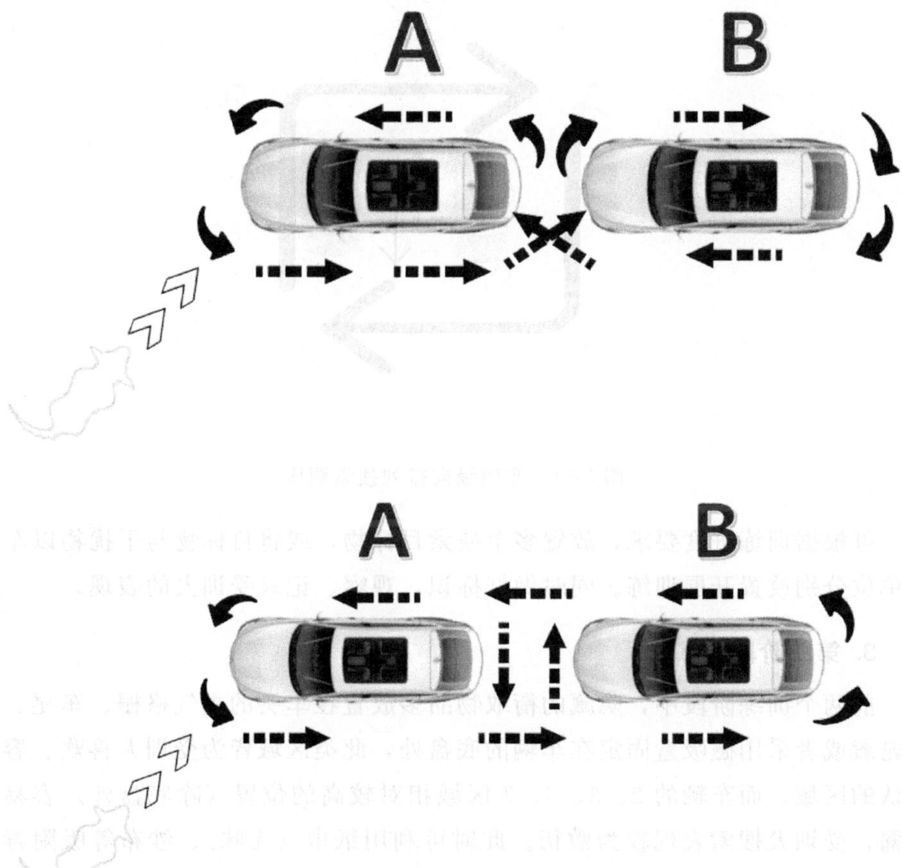

图 5-50　车辆横向排列搜索顺序

纵向排列搜索顺序见图 5-51。

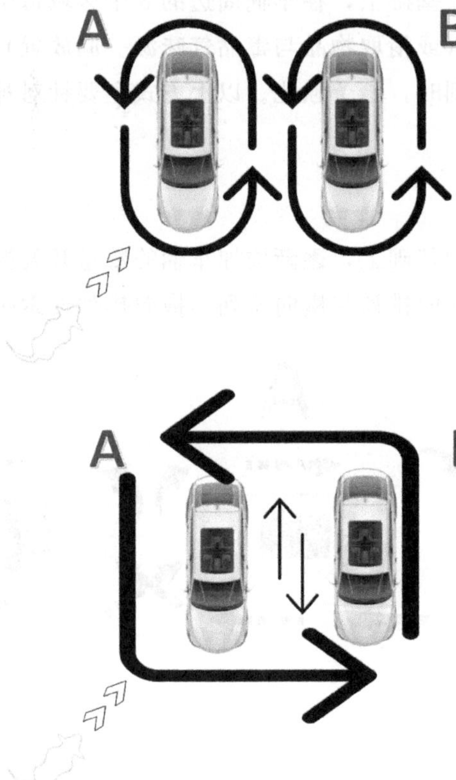

图 5-51　车辆纵向排列搜索顺序

可根据训练进度要求，放置多个搜索目标物，或将目标物与干扰物以车辆为单位分别放置开展训练。同时做好标识，观察、记录受训犬的表现。

3. 第三阶段训练

前两个训练阶段中，隐藏的衔取物品多放置在车头的进气格栅、车尾、轮胎轮毂或者采用磁吸盒固定在车辆的底盘处，此类区域皆为受训犬喜欢、容易嗅认的区域。而车辆的 2、3、6、7 区域相对较高的位置（除底盘外）容易被遗漏，受训犬搜索表现较为敷衍。此时可利用纸巾（无味）、纱布等吸附毒品气味后，放在车门缝隙中结合指嗅开展训练，引导受训犬养成嗅认车门缝隙的良好习惯，如图 5-52 所示。

（二）箱包搜索训练

受训犬具备基本的气味联系以及分化、示警能力，动力定型较为牢固后，

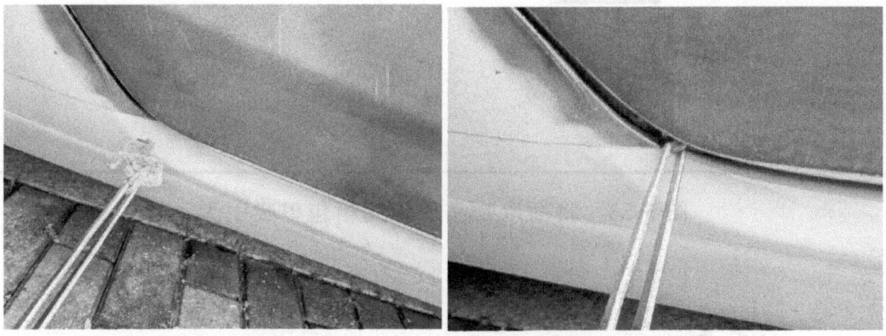

图 5-52　引导受训犬嗅认车门缝隙

便可开展箱包搜索训练。对太仓犬而言，箱包搜索与其他搜索客体相比较为特殊，受训犬对箱包更为敏感，容易产生不良联系。正式进入训练前，应完成受训犬的箱包适应性训练。训练中使用的箱包样式较多，本文以带拉链 ABS 材质的箱包为例进行说明。

1. 第一阶段训练

第一步，将箱包朝向犬打开，再将受训犬较为喜欢的食物、衔取物品等放置在里面，此时应着重突出放置物品以吸引犬的注意力，令犬去进食或者衔取，如图 5-53 所示。第二步，提前将上述物品放置在箱包内，将箱包带至犬的面前，缓慢打开，注意观察犬的表情以及注意力，待犬注意到上述动作后，快速打开箱包，同时下达口令，令其进食或者衔取。第三步，重复上述操作，箱包保持关闭状态，但不密封。鼓励受训犬去探求、嗅认、进食或者衔取。上述操作目的是让受训犬充分理解箱包的意义以及与内部物品的关系，强化结束后在吸引犬注意力的同时，将衔取物品抛掷箱包内，关闭箱包后，将犬带离。第四步，将设置同样条件的箱包（选择拉链箱包）保持半密封状态，拉链留有 3～5cm 的空隙，令受训犬去探求、嗅认，待犬鼻头接近或者正处于拉链位置时，给予强化（也可标记瞬间行为），此过程不用箱包内的强化物，由训导员和助训员抛掷手中强化物进行奖励。第五步，将一个空箱包带至犬面前，当犬出现探求、嗅认时，给予强化。第六步，在第五步操作的基础上，待犬嗅认到箱包拉链处再给予强化，如图 5-54 所示，也可利用指示伸缩杆、激光笔进行指引嗅认缝隙训练，并予以强化。

上述操作中，箱包务必保持固定，避免受训犬产生将箱包本身作为强化物的不良联系，可借助器具（图 5-55）将箱包卡住。

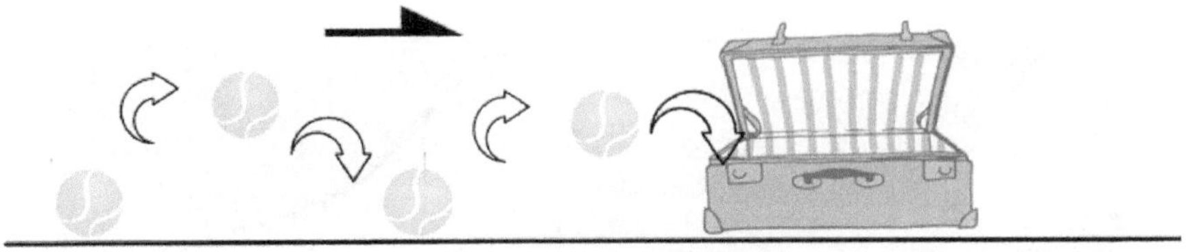

图 5-53　将衔取物品放置到箱包里吸引犬

图 5-54　犬嗅认到箱包拉链处

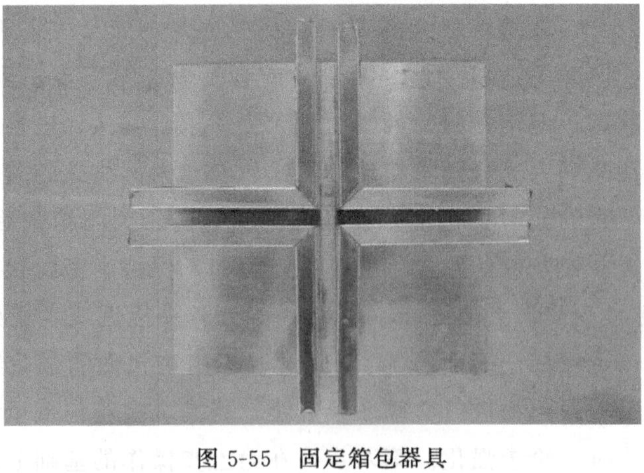

图 5-55　固定箱包器具

2. 第二阶段训练

将若干个箱包摆放成一定的形状，令犬逐一嗅认（搜索），数量不等，应根据训练的进度逐渐增加。具体的形状主要有“1”“一”“L”“圆”“梅花桩”“矩阵”等形状，如图 5-56 所示。

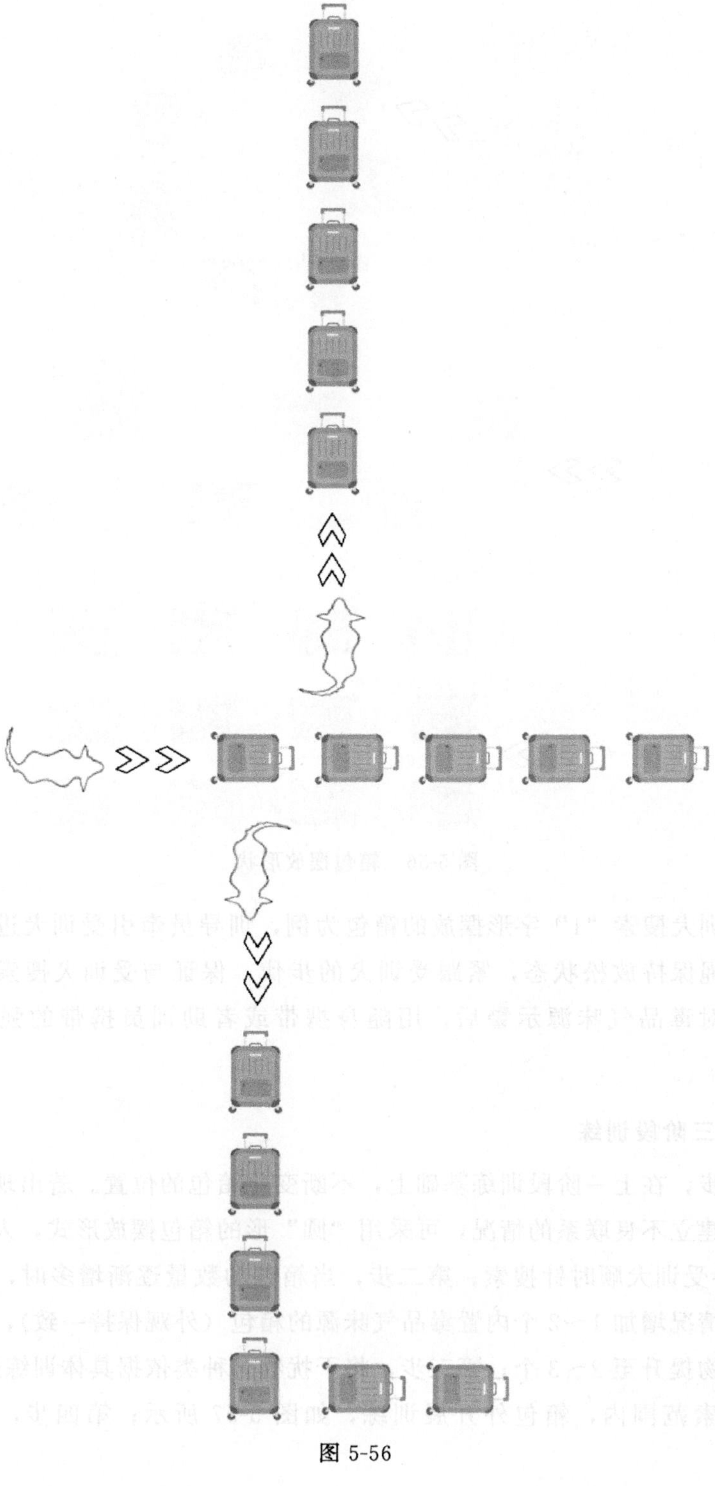

图 5-56

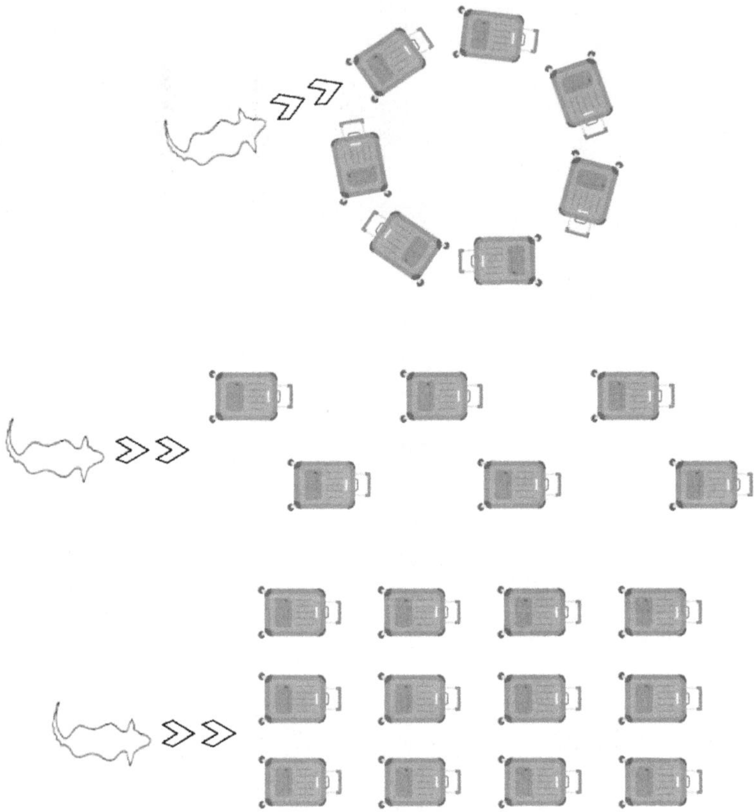

图 5-56　箱包摆放形状

以受训犬搜索“1”字形摆放的箱包为例，训导员牵引受训犬进入搜索形式，牵引绳保持放松状态，紧跟受训犬的步伐，保证与受训犬搜索的速度一致。待犬对毒品气味源示警后，用随身携带或者助训员携带的强化物进行强化。

3. 第三阶段训练

第一步，在上一阶段训练基础上，不断变化箱包的位置。若出现犬对具体位置箱包建立不良联系的情况，可采用“圆”形的箱包摆放形式，人位于“圆心”，引导受训犬顺时针搜索；第二步，当箱包的数量逐渐增多时，适当根据犬的训练情况增加 1～2 个内置毒品气味源的箱包（外观保持一致），最终将搜索的目标物提升至 2～3 个；第三步，将干扰物（种类依据具体训练进展选择）放置在搜索范围内，箱包外开展训练，如图 5-57 所示；第四步，将干扰物

(种类依据具体训练进展选择)放置在箱包内开展训练。

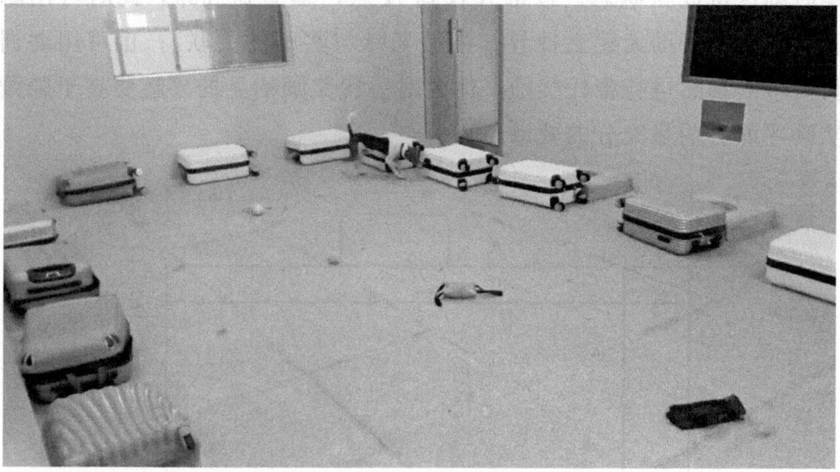

图 5-57　箱包外放置干扰物训练

(三)建筑物搜索训练

开展此内容训练的前提条件有以下几点。首先,犬对室内外环境基本适应,可以正常进行搜索作业;其次,犬对基本的毒品气味源具备良好的气味联系,并可独立自主地进行被动式示警(坐或卧);最后,搜毒犬能够听从训导员的指挥,训导员指示哪里它就嗅认哪里。

1. 建筑物外部搜毒训练

建筑物外部的搜索主要包括对建筑物外立面、附属物以及近距离区域的搜索,包括通风口、空调外机、弱电箱、消防栓、垃圾箱、景观灯、周边花坛等目标。提前将搜毒犬在散放场地充分散放,使其排出大小便;在训练场地附近进行二次散放,排除犬的外界刺激,调整完状态后,做好训练准备工作,进入训练。

(1) 第一阶段训练　训导员戴上一次性手套或者助训员提前将毒品气味源置于建筑物外围某隐藏点 A,距离地面小于 1m,该点距离墙角 2m 以内。在有风的条件下,隐藏点在上风口,选择迎风搜索(图 5-58)。训导员(助训员)利用墙角对搜毒犬的视线遮挡,将逗引的物品抛掷到墙角后面,给犬造成物品“消失”的假象,激发犬的探求欲及衔取欲后快速放置在隐藏点,回到犬面前以示物品消失。此时训导员左手牵犬,右手(或拿伸缩杆)指向墙角,当犬的注意力与指向方向一致时，下达口令并放松牵引绳指挥犬搜索，非必要情况下牵引绳时刻保持放松状态。搜毒犬找到A点，感受到气味，此时可用隐藏的物品直接奖励（帮助犬建立搜寻、毒品气味与奖励的关联）；也可用助训员或训导员携带的物品进行替代奖励，但犬对替代奖励物品的兴趣要高于隐藏的物品，奖励才能有明显充分的效果。

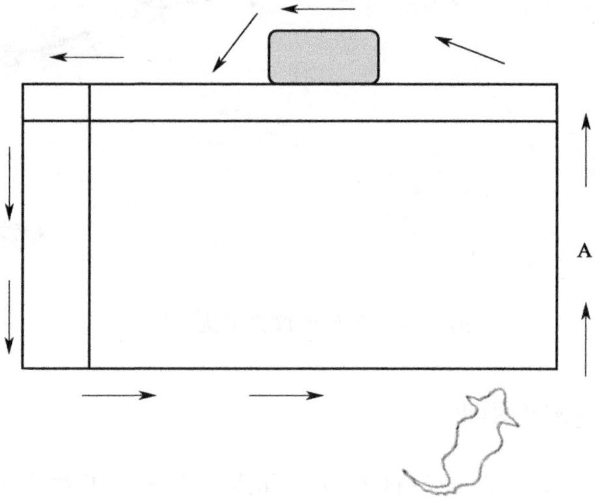

图 5-58　建筑物外围墙角附近搜索

沿着建筑物的外围，逆时针逐渐延长隐藏点A与搜毒犬搜索起点间的距离。注意高低位置结合，引导、控制、指挥犬搜索的同时要注意不同高度的目标物搜索，从侧面看搜索轨迹呈上下波浪形，垂直剖面图见图 5-59。

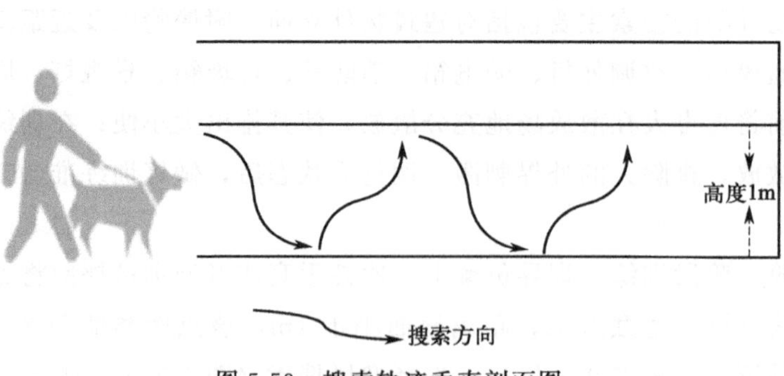

图 5-59　搜索轨迹垂直剖面图

搜毒犬大致形成了良好的搜索顺序后，注意观察犬的头颈部的动作，当犬有重嗅、回头、停顿以及以上行为的多种组合表现时，代表犬捕捉并感受到了目标气味，应允许犬小范围地反向搜索，此时应给予奖励，并将牵引绳由左手转移到右手，保证搜毒犬在训导员与搜索客体（目标）之间。

当搜毒犬遇到建筑物的附属设施等目标时，从建筑物外立面A点离开对目标B进行逆时针搜索，完毕后，应重新回到A点继续对建筑物外立面搜索，直至完成整体的无死角搜索（图5-60）。

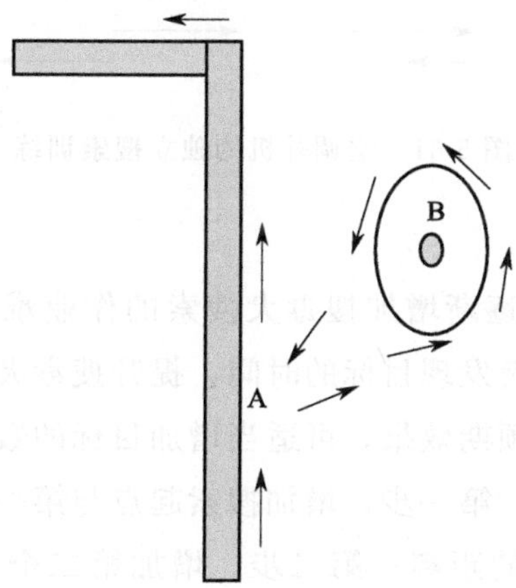

图5-60 建筑物的附属设施搜索

（2）第二阶段训练

① 无牵引搜索训练。第一阶段为保证搜毒犬良好的搜索习惯、顺序以及服从性，有必要借助牵引绳进行引导、控制训练。而面对建筑物外围较复杂的地形地物环境，牵引搜索不利于搜毒犬有序、连续地搜索，甚至会挫伤犬的积极性，所以开展无牵引搜索（指挥下的有序自由搜索）训练显得尤为重要。

基于犬前期建立的良好服从、指嗅能力，加上犬在训练中不断提升的自信，训导员从牵引搜索到“拖”绳搜索，最后到“脱”绳搜索，逐渐过渡。在过渡的过程中，要避免牵引绳或训练绳在地面拖动，缠绕在障碍物上，同时也要注意善于利用口令控制和手势引导来替代牵引绳的作用，及时引导犬专注于搜索训练过程。

② 重点目标的独立搜索训练。选择某一外部特征明显、隐藏条件较好的目标，如空调外机（图5-61）。提前放置好毒品气味源目标，训导员携搜毒犬与其保持一定距离，对犬进行简单的逗引，令犬处于延缓状态，训导员吸引犬注意力的同时快速来到目标物的位置藏好物品（佯装藏物），回到搜毒犬身旁，坚持利用激光笔或手势指挥犬前去定点搜索，培养犬稳定的动力定型。犬做出

反应并示警后，给予直接奖励，此过程也可在助训员的帮助下完成。经过反复训练，搜毒犬便可具备对某一目标独立搜索并示警的能力，直至达到搜毒犬示警的训练目标后，训导员将其唤回身边进行奖励。

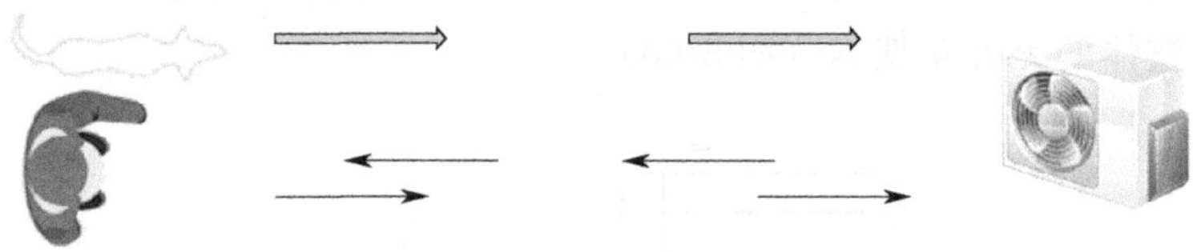

图 5-61　空调外机的独立搜索训练

（3）第三阶段训练

① 难度提升训练。逐渐增加搜毒犬搜索的作业难度，如增加搜索区域的面积和数量，延长搜毒犬发现目标的时间，提升搜毒犬的搜索耐力。在这个过程中，为保证训练达到预期效果，可适当增加目标的数量，降低目标的隐藏难度，加大目标气味浓度。第一步，增加搜索起点与第一个目标的距离，减小第二个目标与第一个目标的距离；第二步，增加第二个目标与第一个目标的距离，其他条件不变；第三步，减小第一个目标与搜索起点的距离，其他条件不变；第四步，同时增加以上两段距离。在具体训练中，如遇困难，可依据搜毒犬的实际表现，退回到上一步甚至上两步的训练进行巩固。搜索过程中，根据犬的搜索状态和效果适当调整目标物气味及隐藏的难度条件。

② 半未知、全未知的训练。在助训员的参与下，放置目标并提示搜毒犬的示警结果。半未知条件下，目标及干扰物数量已知，种类已知，具体位置未知，搜毒犬示警后，训导员奖励之前，助训员提示搜索结果；全未知条件下，目标及干扰物数量、种类及具体位置均为未知，搜毒犬示警后，训导员认定后，助训员提示搜索结果，训导员再依据具体情况决定是否给予奖励。

2. 建筑物内部搜毒训练

准备工作同建筑物外部搜毒训练，调整好搜毒犬的状态后开始训练。

（1）第一阶段训练

① 将毒品气味源提前隐藏在房间内某一点（高度在 1m 以下），前期训练时，毒品气味源距离房间门口的搜索距离控制在 2m 以内。训导员将搜毒犬提前散放好，调整状态后将犬牵引或令犬延缓在室内建筑物门外，训导员或者助训员用物品逗引集中犬的注意力，并将其转移至墙后的 A 点，利用墙体对搜

毒犬视线的遮挡，整个过程连贯有序，要求搜毒犬始终保持对物品的注意力。此刻，犬会误认为物品消失在 A 点，从而激发犬对 A 点的探求反射而引起犬重嗅。A 点就是训导员预设的搜索起点，当犬的注意力集中在 A 点时，训导员下达口令“搜”，给犬一个瞬间的强化口令“好”。经过长期训练，搜毒犬会逐步形成从起点开始搜索的条件反射，训导员指向一个明确的起点，犬会根据指挥从起点开始兴奋搜索（图 5-62）。

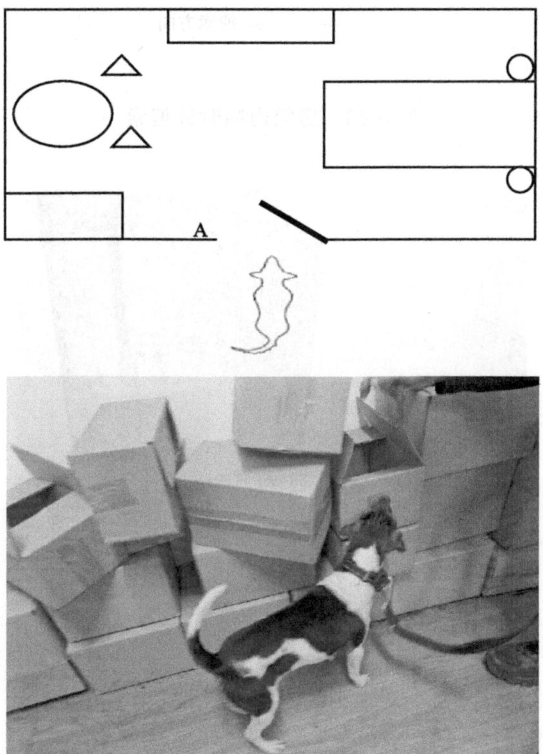

图 5-62　建筑物内部门口附近搜索

② 训导员携搜毒犬进入房间后，引导、控制犬呈顺时针顺序依次搜索，重点排查、搜索隐秘的地方，如衣柜、抽屉、床下等位置。当搜毒犬认真嗅认、搜寻时，训导员可以施以口令奖励（受训犬不受影响的前提下），鼓励犬仔细搜索（图 5-63）。

③ 室内搜索同样应注意目标隐藏的位置要高低结合，搜索顺序同建筑物外部，要波浪式搜索推进（图 5-64）。

④ 对容易漏搜的地方，训导员要指挥犬进行搜索，对犬重复搜索的区域

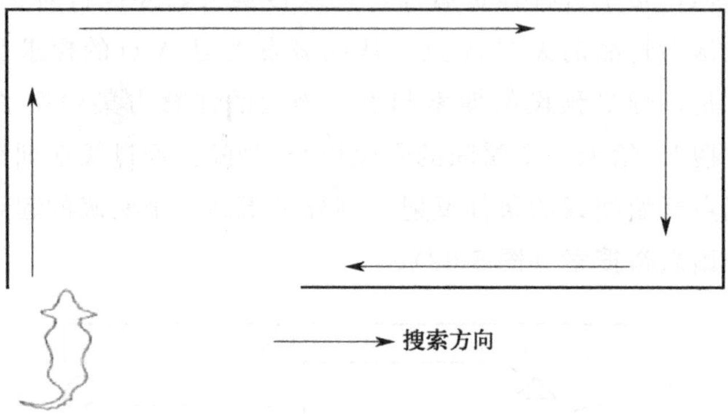

图 5-63 房间内顺时针搜索

图 5-64 室内波浪式搜索

及位置，训导员要及时引导犬离开（已知条件下）。搜毒犬发现目标并示警后，训导员可以在室内进行奖励，也可以依据犬的特性离开搜索区域进行奖励，但无论哪种奖励，奖励后应将物品再次抛到起始点，以利于培养搜毒犬的良好搜索习惯和积极性。

第一阶段的训练应多布设一些隐藏点藏匿目标，将目标自然融入环境当中，自然放置与隐藏放置相结合，高位放置与低位放置相结合，方便搜毒犬快速找到和反复进行搜索练习。这一阶段对犬搜索行为的强化塑形非常重要，重点在于引导犬快速进入状态。

本阶段训练主要以牵引方式进行搜索，有利于及时纠正犬的不良行为及习惯，如无序乱窜、踩踏床铺、标记便溺等。牵引搜索时要时刻注意牵引绳或牵引长绳对犬的不利影响，尽量保持牵引绳略高于犬体，并保持放松状态。当搜毒犬搜索方向、顺序错误时，适当拉紧牵引绳加以纠正或提醒，当犬纠正后立即放松牵引绳并施以口令奖励。

(2) 第二阶段训练

① 独立搜索训练。在上一阶段训练的基础上，逐渐拉开训导员与搜毒犬的间距，弱化训导员的人为控制及干扰，利用手势、伸缩杆、激光笔等指挥搜毒犬搜索，逐渐培养犬独立搜索的能力，避免犬产生过度依赖心理，从而造成假示警、错示警（图 5-65）。

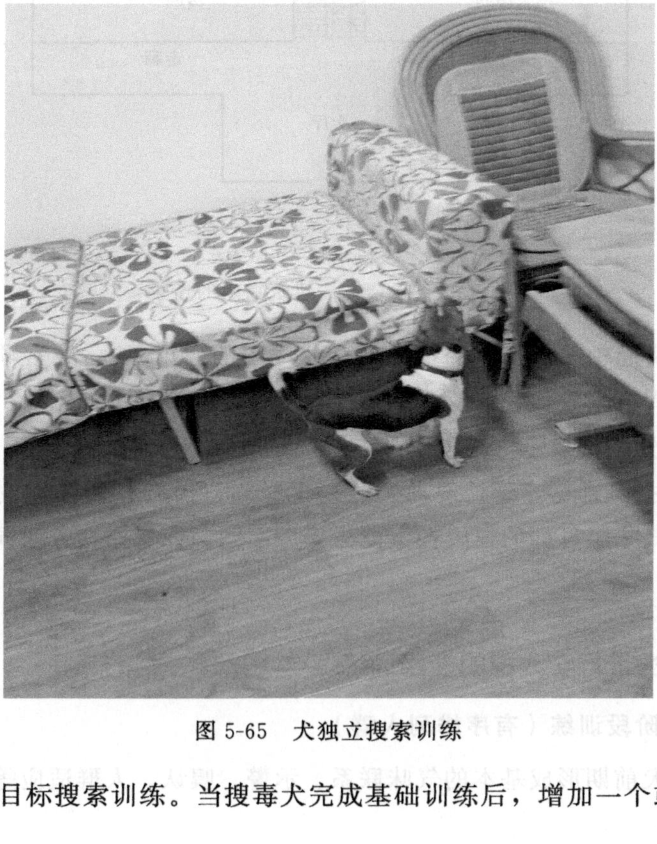

图 5-65　犬独立搜索训练

② 多个目标搜索训练。当搜毒犬完成基础训练后，增加一个或多个目标，

强化犬对搜毒科目的理解，提升犬搜毒作业能力。此时在同一房间放置两个不同的毒品目标，放置在不同高度、不同类型的位置，保持两个目标之间的距离适当。按序搜索到第一个目标时进行奖励，此时有两种选择：第一种是直接给予犬奖励物进行强化，强化后训导员将奖励物向第二个目标方向假抛或真抛（助训员取走）；第二种是不给予强化或者弱强化，及时鼓励犬继续搜索，保证犬在较短时间内及时发现目标并得到奖励。经过多次训练后，搜毒犬形成了能够连续搜索多个目标的能力。

（3）第三阶段训练

① 复杂结构建筑物内的搜索训练。除了搜索房间外，建筑物内还包括许多其他内部结构，如储物间、楼道、暗室、大厅等，搜索顺序先外后内、先下后上。利用排除法，确定外围的安全后，依次向内部开展搜索，如图 5-66 所示，搜索顺序为大厅、走廊、房间。

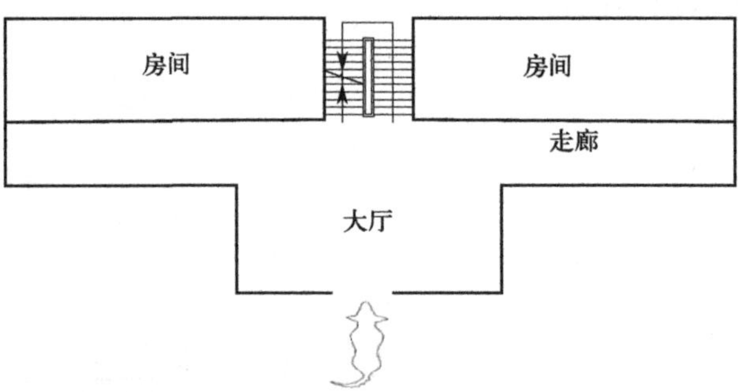

图 5-66 复杂结构建筑物内的搜索

如遇到房间中间有家具的情况（会议厅中的会议桌），搜索顺序为顺时针先搜索房间周边家具、暖气片、墙壁等，后搜索会议桌，如图 5-67 所示。

② 半未知训练及全未知训练。方法同建筑物外部搜毒训练。

③ 难度提升训练。延长搜毒犬的搜索时间，提升犬的作业耐力，增强犬对多个毒品气味源目标的连续搜索能力等方面的训练操作，方法同建筑物外部搜毒训练。

（四）携带行李人群的搜索训练

1. 第一阶段训练（有序排列人群）

在搜毒犬前期形成基本的气味联系、示警、嗅认、人群适应等能力的基础上开展训练。

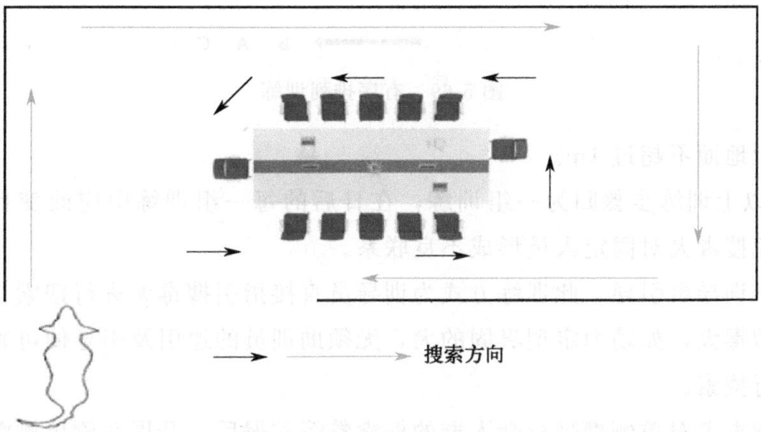

图 5-67 房间中间家具的搜索

(1) 助训员引导

①“点对点”训练。目标助训员 A 左手自然下垂，左手携带行李（提包、提箱、提袋等），提前数小时设置目标。目标助训员 A 与搜毒犬保持一定距离，用犬喜欢的物品对其进行逗引，在保证搜毒犬看见物品轨迹的前提下，将物品放置在行李内（日后训练时助训员无须再放入），并保持自然站立。训导员快速下达“搜”的手势，引导犬进行搜索，搜毒犬示警后，训导员将奖励物品从犬头后上方抛到犬发现行李中目标气味散发位置，进行间接奖励（图 5-68）。针对搜索欲望较差的犬，助训员也可将奖励物品从行李中取出进行直接奖励；为剔除物品的本身气味，后期目标助训员 A 也可从右侧上衣口袋中取出奖励物品给予犬奖励。

图 5-68 “点对点”训练

② 在上述操作基础上，目标助训员 A 移动至其他两个助训员（B、C）的中间，每人间距 50cm。其间，训导员可以让搜毒犬看见目标助训员的移动方向，但是要通过遮蔽犬眼睛的方式避免犬看到目标助训员 A 的位置。训导员做出“搜”的手势，引导犬对排成一列的三人进行搜索，待犬示警后，重复上述操作并进行奖励（图 5-69）。

③ 增加人群的数量，不断改变目标助训员 A 在人群中的位置，最终形成犬对有序人群中的每个人仔细搜索的能力；逐渐提高行李的高度，注意行李的

图 5-69 有序排列训练

下边缘距地面不超过 1m。

④ 以上训练步骤归为一组训练，在日后的每一组训练中应改变目标助训员，避免搜毒犬对固定人员形成不良联系。

(2) 训导员引导 此训练方式为训导员直接指引搜毒犬进行搜索，对基础较好的搜毒犬，如动力定型巩固的犬，无须助训员的逗引及引导便可直接进入人群进行搜索。

待搜毒犬对单侧携带行李人群的搜索熟练掌握后，开展双侧单侧混合携带行李人群的搜索，搜索顺序按逆时针方向，如图 5-70 所示，其他操作如上述单侧携带行李人群的搜索。

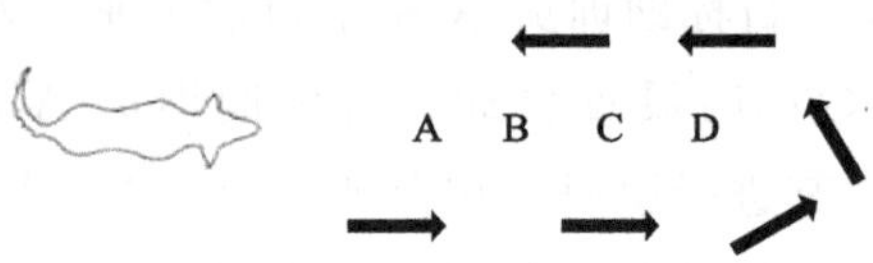

图 5-70 双侧单侧混合携带行李人群的搜索

2. 第二阶段训练（无序零散人群）

该阶段的训练目的是避免搜毒犬出现不良联系，如搜索速度过快等，所以训练中要适时改变静止人群的队列形式，使犬能够适应搜索更多的人及不同形式站立的人群。对双排队列、弯曲队列、弧线队列、无序人群进行搜索时，训导员应使用牵引绳引导搜毒犬有序搜索，避免出现漏搜的情况。

（五）人体藏毒的搜索训练

1. 静止人群搜索训练

目标助训员着多口袋的裤子，毒品目标提前数小时放置在目标助训员的脚踝处（如袜子内），后期训练时毒品目标隐藏的位置可逐渐由低到高，最高至腰部。助训员间距保持在 30～40cm 依次排列，具体搜索操作同携带行李有序排列人群的搜索训练，区别在于毒品目标的藏匿位置以及训导员指挥搜索犬搜索的目标由行李转移至人体。

2. 运动人群搜索训练

（1）跟随示警训练　此训练先从搜毒犬对单一目标的搜索训练开始，待发现目标助训员示警后，目标助训员拿出奖励物品佯装奖励，随即开始慢速移动。此时，训导员下达“游散”的口令解除搜毒犬的延缓状态，并鼓励犬跟随目标助训员。待搜毒犬有意识跟随目标助训员意图获取奖励后，目标助训员移动几步后立即停止，待犬再一次示警后，目标助训员立即给予搜毒犬直接奖励，或者训导员立即给予搜毒犬间接奖励，间接奖励物的投掷点依然是目标气味散发的位置。

（2）相向而行人群的搜索训练　搜毒犬静止搜索。训导员携带搜毒犬保持静止，面对迎面而来的人群进行搜索，将毒品目标放置在目标助训员的身体左侧。待搜毒犬发现目标进行锁定和跟随后，给予口头奖励（后期训练取消该奖励）。此时，目标助训员继续行进，训导员对目标助训员下达指令，令目标助训员停止，搜毒犬“坐”示警，目标助训员或训导员给予奖励（图 5-71）。

图 5-71　搜毒犬静止搜索相向而行的人群

搜毒犬移动搜索。在上述训练的基础上，训导员携带搜毒犬行进，对迎面而来的人群进行搜索，操作同搜毒犬静止搜索相向而行的人群。此阶段对搜毒犬的要求更高，需要犬快速感受、识别、锁定目标气味，初次训练时可以适当加大目标气味量（图 5-72）。

图 5-72　搜毒犬移动搜索相向而行的人群

（3）同向而行人群的搜索训练　在以上训练的基础上，搜毒犬已经具备在移动状态下对移动目标进行搜索并示警的能力，此时一方面加大搜毒犬移动的速度，另一方面使其适应同向而行人群的搜索（图 5-73）。此阶段前几次训练时，将毒品目标放置在目标助训员的身体右侧。

（4）无序零散运动人群的搜索训练　当搜毒犬具备一定搜索能力后，助训员可不列成一队，以分散的方式正常行走，训导员带犬对助训员就近逐个搜索。此时要强化人犬结合的意识，对个别助训员可能是多次重复搜索，对有些助训员可能是漏搜，所以训导员需要具备对目标短时记忆和识别的关键作用，

图 5-73 同向而行人群的搜索训练

尽可能提高搜索效率，避免漏搜发生，避免浪费搜毒犬的体能和精力。前期助训员运动的速度适当降低，缓慢而行，后期可以以正常的步速行进。

3. 体内藏毒人员的搜索训练

利用搜毒犬查缉体内藏毒人员，国内外早有先例，相关研究机构从海关查获的体内藏毒嫌疑人身上采集口腔、腋下、肛门的气味放置在助训员体外进行人群搜索，效果良好。在实际训练操作过程中，源自实战条件下的目标气味难以正常长期保障，故经常采用模拟气味（综合气味）作为目标，其中将胃蛋白酶、食用盐、稀释盐酸、安全套、密封袋等气味与毒品气味进行搭配[2]，采用吸附、涂抹等方式与载体结合进行训练。

四、注意事项

① 行李箱包、车辆、室内家具等要经常清洗和更换，防止气味残留以及使受训犬形成不良联系（地标记忆）。

② 初期训练，毒品气味要足够大，使搜毒犬搜到隐藏物品的部位就能及时发现目标物，以快速有效地建立犬的搜索自信心。

③ 最初进行箱包训练时，最好选择同一型号的行李箱（包），行李距助训员身体的距离应随着犬对搜索形式的逐步适应而逐步缩小，直到搜索犬能正常搜索助训员紧贴身体携带的箱包，而不被助训员干扰。

④ 人群搜索训练初期，为增进搜毒犬的理解或者为保持训练余兴，每次搜索训练结束前，训导员携搜毒犬回到训练起始点，将奖励物品抛给人群中的第一个助训员。

⑤ 有序人群搜索适当穿插第一个目标人的搜索训练，均衡每个目标的成功概率，避免搜毒犬形成不良联系。

⑥ 依据每个训练阶段的特点，选择不同的奖励方式。初期奖励重点在搜毒犬快速示警，后期奖励着重于犬的示警稳定性，基于延缓抑制的原理强化犬不同延缓时间的能力。

⑦ 太仓犬具有一定的攻击性，训练过程中防止出现抓、咬人体等现象。

⑧ 在训练的中、后期阶段，逐渐由简入繁、由易到难引入各类复杂环境条件，如干扰气味、嘈杂背景音、不稳定的气流等，提高搜毒犬搜索作业的复杂性和难度。

⑨ 前期训练以已知训练为主，重点是观察犬的作业特点及行为反应，侧重培养搜毒犬的自信心；中期训练以半未知训练为主，重点是去除训导员的下意识对搜毒犬的多种暗示，培养犬主动、独立作业的习惯和能力，建立训导员对犬的信任和信心，更全面地掌握犬的作业表情及行为特点；训练后期以全未知条件为主，侧重于贴近实战条件下建立训导员的自信心，检测搜毒犬的实战能力，从中总结经验，查漏补缺。

五、常见问题及解决办法

（一）太仓犬搜索速度过快

① 可以加强受训犬的嗅认基本功，通过人为指嗅控制速度，如图 5-74 所示。

② 加强受训犬服从性训练，令犬不断折返回到训导员身边，达到降低速度的目的。

③ 增加气味条件的难度，激发犬仔细认真嗅认。

④ 禁止使用牵引绳拉扯控制犬的搜索速度。

⑤ 增加搜索形式内搜索客体的数量等，为受训犬创造搜索行动不便的难度。

⑥ 搜索开始前充分下调犬的神经活动，如增加延缓环节，增加受训犬搜索的面积，延长作业时间等。

⑦ 规范训导员的操作，禁止频繁用口令催促犬，操作要求舒缓，训练前期注意禁止向前引导和指挥犬。

（二）太仓犬嗅认不仔细

① 提高气味源的嗅认难度。

② 降低搜索速度，见上一问题。

③ 持续强化犬对小孔、缝隙的搜索训练，同时缩小搜索区域面积。

④ 强化犬对小体积气味源的搜索训练。

图 5-74　通过人为指嗅控制速度

（三）太仓犬出现扒动、舔舐、啃咬等不良行为

① 利用差别强化手段加以纠正。待受训犬出现上述行为时不予理会，一旦终止，立即给予强化；或者未出现上述行为而出现嗅认等正确行为（目标行为）时，给予强化。

② 利用负惩罚手段加以纠正。待受训犬出现上述行为时，将受训犬带离，或将受训犬针对的对象移开（如箱包）。

③ 利用正惩罚手段加以纠正。待受训犬出现上述行为时，给犬相应的正确部位给予机械刺激，如扒动时，及时快速拍打对应的前肢（爪），或者施加犬厌恶的其他刺激，如刺耳的声响等，分散和转移犬的注意力，强化操作同上。

第五节　太仓犬血迹搜索能力训练

一、目的与要求

在不同环境条件下，培养太仓犬专注、持久、有序、仔细的搜索能力，发现目标血迹后能果断、准确示警的作业能力。

二、训练条件

激光笔、伸缩杆、牵引绳及脖圈（背带等）、训练长绳、响片、人体血液、纱布、刀具、针管、镊子、密封袋、瓶盖等。

三、训练步骤和方法

（一）基础能力训练

1. 亲和关系培养

选择清静封闭的环境，外界干扰因素少，使犬作业更专注，有利于训练的顺利开展，提升训练效率。训练过程中，训导员要动作轻缓，声音柔和，防止人为因素对犬造成干扰。训导员俯身降低重心，手持适量奖食，呼唤犬名吸引犬前来，待犬主动靠近，迅速予以食物奖励，同时下达“好”的口令，不断与犬互动，抚摸犬的全身，降低犬对训导员的警惕性，增强信任感。在游戏互动中，训导员的情绪尤为重要，人越兴奋，犬越放松，越易激起犬的游戏欲。随着训练的深入，犬逐渐熟悉训导员的声音和气味，并对犬名等口令建立兴奋联系。对于胆量较小的犬，训导员应始终保持耐心，通过日常饲喂、打扫卫生等方式渐进式地与犬接触，建立较强的信任感和依恋性。

2. 环境适应性培养

环境适应性训练是训练与使用的基础，对工作环境的适应性直接影响犬进入工作状态的快慢，以下为培养犬对室内、场地以及车辆等环境适应的方法。

室内适应训练。一是利用食物动力开展训练，将奖食顺时针布设在房间内各个地方，引导犬在房间内以顺时针方向行进，并在行进过程中不断获取食物，增强犬对室内搜索形式的兴趣。重复训练，直至犬对房间产生兴趣，能主动对房间各个部位进行探求。二是利用犬的猎取动力进行训练，用犬喜欢的物品逗引犬，在其注视下抛至室内。训练初期，可在物品落地同时放犬，随着犬对室内环境的适应，可慢慢过渡到物品落地静止后放犬，犬衔取物品后要与犬进行拔河游戏，在室内来回抛掷物品，与犬充分互动。重复训练，同样把物品顺时针假藏于室内隐蔽处，在犬兴奋性下降前结束训练。在训练结束后，训导员控制好犬，在犬的注视下将物品抛至室内某一位置，再缓慢带犬离开，激发犬的衔取欲望，为犬主动探求室内环境增加动力和期待。

场地适应训练。为奠定犬在场地穿梭搜索形式的基础，可按照Z字形路线布设食物，相邻食物间隔20cm左右，训练时从设计的Z字形线起始点开始。前期需牵引犬并不断指嗅，犬搜寻过程中若在线路上，牵引绳处于放松状态，若脱离线路，可控制长绳短促刺激引导犬返回目标区域。在犬专注搜寻时，以“好”的口令不断鼓励犬，犬连续发现并获取食物，训导员可抚拍奖励犬，肯定犬的行为。利用猎取动力开展场地适应训练，可参照室内适应训练。

车辆适应训练。要按逆时针方向带犬搜索衔取物品，相关操作参照室内适应训练方法。此处需注意的是，犬易离开车辆区域，因此训练初期，训导员应牵引犬，引导犬找到正确的搜索起点和按正确的搜索顺序进行搜索。放置衔取物品的位置也应根据犬的体型特征而定，如前后保险杠、轮毂等，确保犬能顺利得到物品奖励，使犬逐步适应车辆的同时，建立起对车辆的兴奋联系。

3. 搜索动力培养

将浸染人体血液的纱布用毛巾包裹做成简易的毛巾卷，或将浸血的纱布塞入网球中，并将目标物藏于隐蔽处，培养犬猎取动力的同时，加强犬对人体血液气味的兴奋性联系。通过反复训练，犬能迅速锁定目标物，提升对血液气味的敏感度。

追逐训练。选择清静的训练场地，助训员将衔取物品拴系于竹竿的一端，在丝隔网的一侧对太仓犬进行逗引，犬只能嗅到但衔不到物品。犬在专注的同时，会嗅到空气中的血迹气味，待犬的欲望较高时，助训员迅速转至犬所在一侧，与犬互动，往返奔跑逗引犬，逗引过程中，助训员突然将衔取物品停于半空中，同时训导员控制好犬，缓慢降低物品位置，在其最专注冷静时，给予衔取奖励，为以后示警的稳定性打下基础。训练的关键在于训导员对竹竿的控制和把握，物品在动静状态下的转换，在犬兴奋度适中时予以奖励。犬得到物品后，训导员要与犬进行拔河游戏互动，力度随犬的状态而定，要经常主动示弱，以犬的胜利来结束训练。本训练一方面可以锻炼犬的体能，增加犬的兴奋性，提升犬的猎取动力；另一方面可以使犬建立对人体血液气味的兴奋联系。训练中要把握多逗少衔的原则，执行好保留余兴的训练理念。

隐蔽式送物衔取训练。经过以上训练，当犬对训练物品表现出较强的欲望后，再开展隐蔽式送物衔取训练。选择清静草地、山坡处或其他易于隐藏物品且犬不能通过视觉发现的场地。带犬至训练场地，用物品充分逗引犬，待犬兴奋度适中后，训导员控制好犬并在其注视下将物品抛入场地。为确保训练效果，初期训练在物品落地的同时放犬搜索，逐渐过渡到物品落地静止后才放犬。放犬的同时可下“搜”的口令，由于地形地物起到了遮蔽的效果，犬不能利用视觉直接发现物品的具体位置，本能地利用嗅觉搜索。当犬发现目标物时，训导员及时下“好”“衔”的口令，犬衔取到物品后与犬互动进行拔河游戏，并根据犬的兴奋状态进行多次抛物奖励。重复以上训练，从抛物衔取训练转为送物衔取训练，从在犬的视线范围内操作到视线之外藏物，再令犬搜索，渐进地培养犬自觉利用嗅觉，不需逗引而是根据口令直接搜索获得目标物品的能力，使犬建立通过嗅闻、搜索发现特定气味，从而获得奖励的条件反射和思维习惯，为后续正式搜索作业奠定基础。

4. 指嗅能力训练

选择清静的训练场地，排除食物、物品等干扰因素。良好的服从性是提高指嗅能力的前提和基础，因此，开展此项训练前，犬应具备一些与指嗅相关联的服从科目的能力，如对“坐”“前来”“禁止”等科目有较好的服从能力。

提前将食物气味或一些新异气味布置在训练区域内，如牙膏、香皂等气味较大的物品。训导员将犬带至训练场地，利用“环境记忆法”，指挥犬进入场地，并在距布设点 10cm 左右，用右手食指或伸缩杆指向布设点（伸缩杆是训导员手的延伸，更加便捷有效地增加指嗅范围），同时用柔和的语气下达“嗅嗅”的口令，当犬根据训导员指挥主动探求布设点，并出现嗅认的行为时，训导员应下达“好”的口令，同时抚拍奖励犬。重复以上训练，将犬带到下一布设点开展指嗅训练，直到犬具备根据训导员指挥指哪嗅哪的能力。

除上述食物训练法外，还有物品训练法、探求法等。实际训练中，我们可根据犬的个体差异开展指嗅训练，太仓犬食物动力较强，使用食物训练法效果更佳。

5. 响片植入及目标气味联系训练

响片植入训练中，训导员首先要掌握响片的使用时机和技巧，对其塑形、捕捉、标记等功能进行深入了解，并在日常管理、基础科目训练过程中灵活运用。在此基础上，犬对响片声音有了认识和反应，便可开展目标气味联系训练。训导员将特定气味物品与响片声音结合，当犬正确嗅认目标气味时，训导员立即按下响片并给予奖励，强化犬对特定气味的兴奋联系。逐渐增加训练难度，将目标气味与其他非目标气味混合训练，训练犬的准确识别能力。通过反复练习，犬形成专注搜寻目标气味的行为，有效提升搜索作业的精准性和效率。

气味联系训练。开展此训练常在鉴别室，选择清静的室内环境，使犬更专注从而出现目标行为。训练前准备 1 个无气味污染的鉴别罐放置于鉴别室内，将滴有人体血液的瓶盖或铁片放到罐内。训导员使犬适应鉴别室内环境，并自由活动。当犬想要发现鉴别罐时，在好奇心理的驱动下对鉴别罐探求，训导员捕捉探求鉴别罐的行为，及时按动响片并给予食物奖励。不断重复以上训练，逐步过渡到犬将鼻子放在罐口、罐内，在罐内停留一段时间后按动响片给予食物奖励。当犬能稳定地将鼻子伸入罐内停留一段时间后，逐渐增加鉴别罐数量（无血液气味），只有犬将鼻子伸入目标罐（有血液气味）时，才按动响片给予奖励。训练过程中要经常更换目标罐的位置，并逐步在鉴别罐内加入各类干扰物，培养犬对人体血液气味建立准确稳定的兴奋联系。

（二）能力提升训练

1. 场地搜索

（1）点对点的训练　选择清静且易于隐蔽物品的草地，训练前测试风向，结合场地情况尽可能选择下风口作为起点进行“点对点”的隐蔽式衔取训练。训导员左侧牵犬控制牵引绳，助训员用干净带血液气味的气味球（目标物）进行逗引，吸引犬的注意力后，将气味球抛向遮蔽区域（也可由助训员用树叶覆盖埋藏隐蔽）。待目标物品静置或助训员返回后，训导员抚拍调整犬的状态，指挥犬搜索。因为有遮挡物的存在，犬不能用视觉直接发现物品，但犬知道目标物品大体的位置，利用嗅觉很快发现目标物品。犬有明显反应时（犬对某区域有明显的重嗅反应），下达“好”的口令给予犬奖励。当犬衔取到目标物品时，可与犬进行拔河游戏，带犬奔跑，进行充分奖励。搜索起点与目标物品之间的距离要随着训练的深入而增加，培养犬的搜索耐力，同时也要防止犬因长时间不能发现物品而出现搜索欲望明显下降的情况。重复以上训练，在犬的注视下将物品抛入场地后，带犬快速离开，结束训练。

（2）点对线的训练　犬能顺利完成上述训练后，在“点对点”训练的基础上开展“点对线”训练。第一次抛物，犬找到目标物品后，训导员带犬来到第一次抛物的起始点，将物品再次抛到第一次的抛送点，此时助训员迅速将物品捡起或抛送至另一隐藏点，并不断呼唤犬的名字，待助训员隐蔽式送物结束后，训导员立即指挥犬搜索，从第一个隐藏点向下一个继续搜索，发现气味球后，充分奖励犬。以上训练是向“点对面”训练过渡的基础环节，对进一步培养犬的场地搜索意识十分必要。

（3）点对面的训练　训练前，选择适合隐藏目标物品的训练场地，训导员控制好犬，助训员逗引犬后将物品抛入场地预先设定的区域，物品落点为犬开始搜索的起始点，训导员用身体遮挡住犬的视线，助训员则迅速捡起物品，在场地上呈“Z”形路线连续佯装藏物，选择其中某一位置放置隐藏好物品，返回时，在物品的搜索起点位置佯装放物，并呼唤犬的名字。训导员随即指挥犬搜索，具体操作参照“点对线”训练。为了训练过程的连贯性，训导员也可事先在训练场地中用铲子挖出“Z”形排列的若干坑洞，便于放置目标物品，并在其附近挖出相同大小的坑洞，避免犬产生不良联系，如图 5-75 所示。

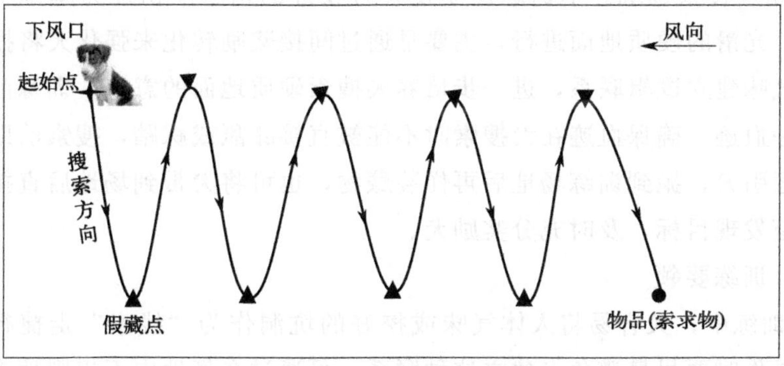

图 5-75　“Z”形搜索

训练时要特别注意对犬进行及时充分的奖励，奖励的方式和手段要多元丰富，包括“好”的口令、兴奋地抚拍犬、与犬拔河游戏、带犬奔跑等。同时要在搜索的过程中，逐步建立和巩固“搜”“来”的口令及手势联系。为保证训练效果，应选择犬感兴趣的物品，并且人体血液气味的载体也要经常更换，防止犬对载体自身气味产生不良联系。

（4）硬质地面嗅认能力培养　警犬血迹搜索实战中，需要警犬搜索的目标多为微量血迹，加上血迹的附着性很强，易隐藏在细孔、细缝中，肉眼也难发现。为贴近实战，培养犬对如水泥地、沥青地、墙面等硬质地面搜索的意识和兴趣，是血迹搜索训练的重点和基础。对比草地和土地等环境，犬对硬质地面的探求欲较低，训练难度相对较大，需按步骤有针对性地培养，分为以下几个训练阶段。

① 多孔砖铺设地面训练。多孔砖因自身孔洞较多，在空气对流的作用下，利于气味的挥发和扩散，使得犬更容易捕捉到血迹气味。开展训练时，可用树叶、纱布、棉絮等作为血迹载体，并放置在空心砖中，避免移动目标气味位置时残留血迹。训练前，将滴有人体血液的树叶布设在多孔砖铺设的地面上。训导员选择好犬搜索的起始点，用犬喜欢的物品逗引犬，并快速佯装藏物，训导员立即指挥犬搜索，可伴随指嗅，训练初期尽量做到犬能快速感受到目标气味，示警后及时充分奖励，逐步增加训练难度。

② 缝隙训练。选择有缝隙的地面或墙面作为训练场地，先将附着血迹的纱布做成细条塞入砖缝、地缝等处。将犬带至预先设计的搜索起始点，助训员用犬喜欢的物品逗引犬后抛入场地，快速佯装藏物，训导员指挥犬搜索，当犬发现隐藏的纱布示警后，及时充分奖励。

③ 指嗅搜索训练。本训练建立在犬有较好的指嗅嗅认能力基础上，一般在平整、光滑的硬质地面进行，主要是通过间接奖励转化来强化犬将搜索行为与血迹气味建立逻辑联系，进一步培养犬搜索硬质地面的意识。训练前，在场地布设好血迹，确保血迹在犬搜索时不能被直接舔舐或踩踏，搜索前助训员可用物品逗引犬，抛到训练场地后再佯装藏物，也可将犬带到场地后直接指嗅搜索，直至发现目标，及时充分奖励犬。

（5）训练要领

① 训练中，犬容易将人体气味或挖好的坑洞作为“线索”走捷径。在实际训练操作时要尽量避免犬建立这种联系，可通过在场地内不规则地走动，将坑洞中的泥土抛撒在场地内，使犬难以找到目标气味与人体及泥土气味的联系，防止训练进入误区。

② 犬搜索时，利用训练绳对犬进行必要控制，使其搜索轨迹呈“Z”形，主要目的是培养犬良好的搜索习惯，避免搜索过程中习惯性遗漏。一般情况下，不在犬搜索的水平方向加以控制，只在垂直方向加以控制，减少人为影响，提高犬搜索的仔细程度。但在衔取物附近时，犬往往会提前感知其位置，直接奔向该位置，此时应放松牵引绳，避免牵引绳紧绷导致犬搜索积极性被打击。

③任何场地搜索都要保证单次搜索面积是定量的，大的场地面积要进行适当分割，便于有序搜索，逐一排除。场地搜索对犬的耐力要求较高，一方面要加强犬的体质锻炼，另一方面要不断巩固和加强犬的作业动力，可以通过逐渐

增加搜索目标的数量及搜索时间来提高犬的搜索耐力。

2. 室内搜索

（1）点对点的训练 选择清静的房间，提前布设好血迹，根据犬的喜好选择合适的逗引物品，准备就绪后将犬带到搜索起点。训导员控制好犬，助训员用物品逗引犬，将物品抛入房间提前布设的血迹位置附近，并佯装藏物。假藏结束后，训导员在犬的右侧，抚拍犬的前胸，用右手指向佯装藏物的方向后，下达“搜”口令并带犬进入房间搜索。当犬在气味血迹附近重嗅时，训导员下“好”的口令，犬示警后，及时充分地奖励犬。

（2）点对线的训练 上述训练中，犬能积极主动搜索，顺利发现目标后，再进行“点对线”的训练。做好训前准备工作，再带犬至房间门口，训导员控制好犬，助训员用物品逗引犬，将物品抛入房间提前布设的血迹前大概 1m 的位置。佯装藏物结束后，训导员及时带犬搜索，要求按顺时针方向搜索，犬先经过假藏点，再到血迹点示警后，训导员予以充分奖励。

（3）点对面的训练 在上述训练的基础上，做好相关训练设计和准备。提前布设好血迹，带犬至房间门口，训导员控制好犬，助训员用物品逗引犬，再将物品抛入房门内左侧位置，在犬的注视下捡起后佯装藏物，路线为从房门内左侧开始沿墙走一周到房门内右侧结束，原路返回，其间在不同的位置佯装藏物，最后在房门左侧第一次佯装的位置结束。训导员立即指挥犬搜索，以门的左侧为搜索的起点顺时针搜索，当犬的注意力在 A 点时，下达“搜”口令，并对整个房间进行血液气味搜索，如图 5-76 所示。

引导、控制犬在室内按顺时针方向进行搜索，水平剖面图如图 5-77 所示。

引导、控制犬室内搜索侧面呈上下波浪形，垂直剖面图如图 5-78 所示。

（4）训练要领

① 训练前，一定要先解决犬对室内环境适应的问题，如犬对室内环境有被动反应，不能急于开展训练，直至犬对室内环境无被动反应。

② 本阶段训练可以尽量在固定的房间进行，同时用固定的方式培养犬的动力定型。例如，在犬开始搜索前，每次给犬一个固定的信号，如抚拍前胸、取下脖圈、穿上马甲等。

③ 训练初期，以牵引式搜索为主，培养犬在室内顺时针搜索习惯。

④ 室内布设的血迹不易被清理，每次训练设计及准备都要充分细致，避免遗留气味对之后训练造成影响。

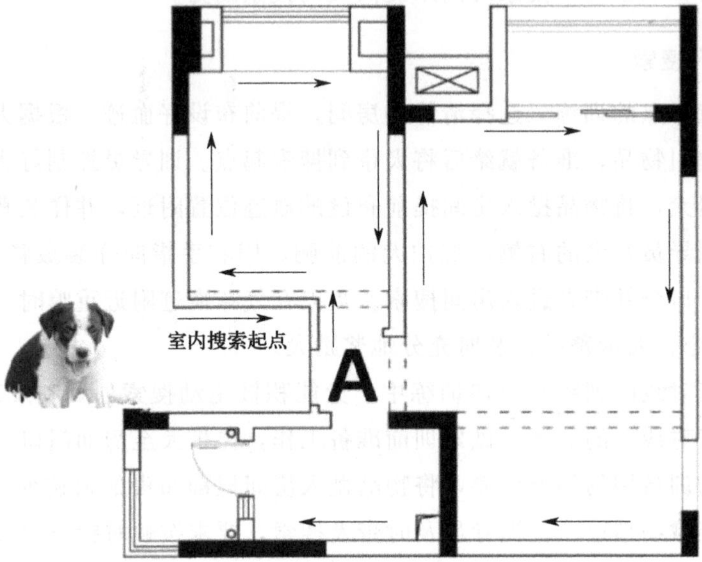

图 5-76　室内搜索起始点

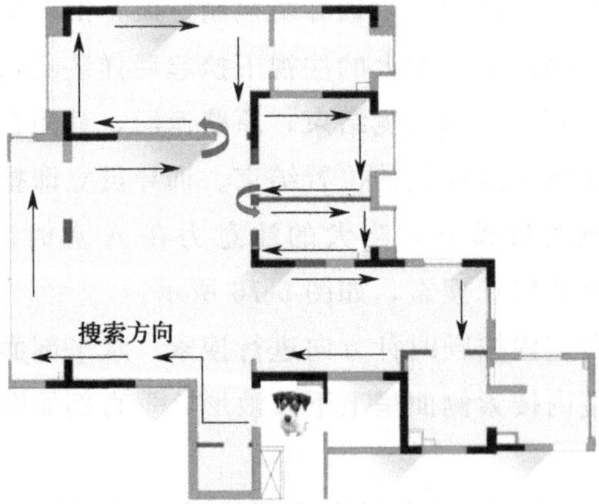

图 5-77　室内搜索顺序

⑤ 要充分利用太仓犬体型小、灵活的优势，多在狭小空间布设血迹，培养犬在狭小空间搜索的能力。

3. 车辆搜索

(1) 点对点的训练　选择相对清静的车辆，提前在车辆外围某处布设血迹，准备就绪后带犬到车辆布有血迹的一侧，距离车辆 3m 左右作为起点，训

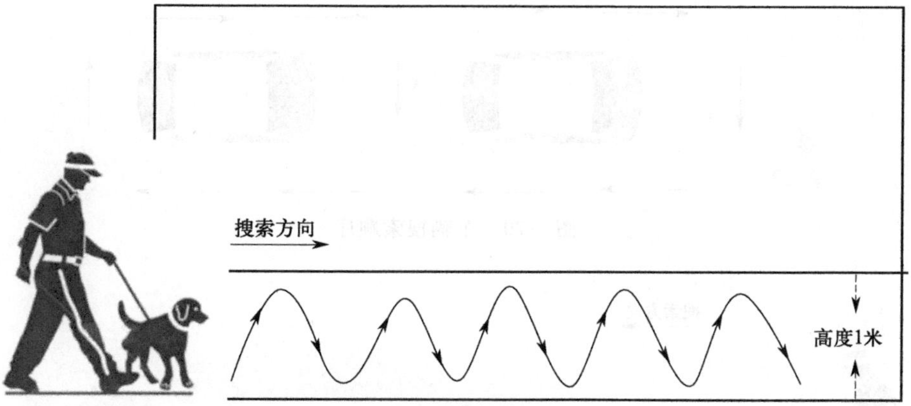

图 5-78　墙体搜索方向

导员控制好犬，助训员用犬感兴趣的物品逗引犬，犬兴奋度适中后，将物品抛至车旁，再将物品捡起，在布设血迹的位置附近佯装藏物，训导员在犬的右侧，用手指向假藏物品的位置，抚拍犬的前胸后带犬搜索，当犬在气味源附近重嗅时，训导员下“好”的口令，犬示警后，及时进行充分奖励。

（2）一个面的搜索训练　训练前，训导员针对训练车辆左、右面或前、后面的一个面进行训练设计和准备，确定犬搜索的起始点、血迹布设点，搜索时犬应逆时针搜索。准备完毕，带犬至车旁距此车面搜索起始端 3m 左右，训导员控制好犬，助训员用物品逗引犬，在犬的注视下将物品抛至搜索起始点附近，再按搜索的顺序在这个车面佯装藏物，原路返回时在起始点再次假藏，训导员在犬的右侧，抚拍犬的前胸后带犬从起始点嗅认搜索，犬在血迹点附近重嗅时，训导员下“好”的口令，犬示警后，及时进行充分奖励。

（3）整车搜索训练　操作参照上述一个车面的训练，但不是布设在车辆的一个面，而是整辆车身，确定好搜索起始点后，可将血迹布设在同一车面，但随着训练的深入，要逐渐拉大起始点与血迹点的距离。准备工作结束后，训导员带犬按逆时针顺序搜索，犬主动示警后，及时进行充分奖励。搜索顺序见图 5-79。

垂直面搜索示意图 5-80 如下：

（4）训练要领

① 开展训练前要对犬进行车辆适应性训练，防止犬的扒车行为，夏天及车辆刚熄火时要注意避免烫伤犬。

② 未经专门训练，犬对车轮、前后保险杠的嗅认会相对积极，常忽略车

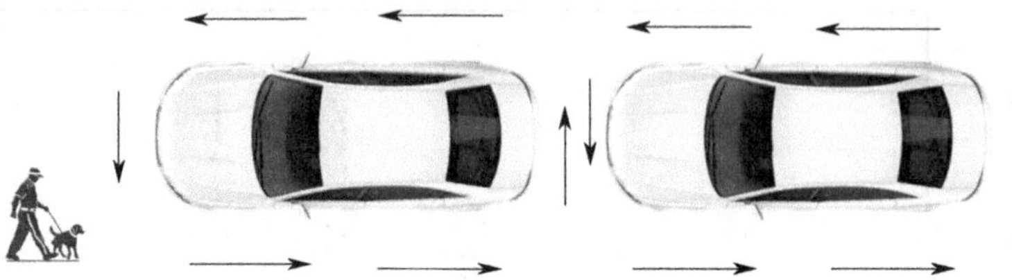

图 5-79　车辆搜索顺序

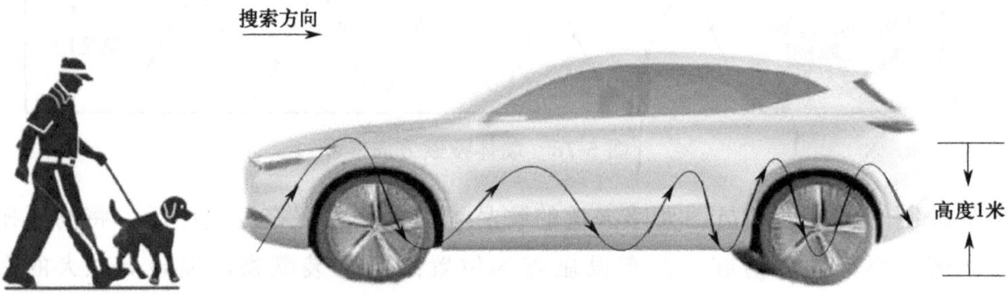

图 5-80　车辆垂直面搜索示意

门板的搜索，为保证犬能细致地搜索全车，要有意增加在车门板上布设血迹的概率。

③ 整车搜索训练时，如佯装藏物，从搜索起始点开始到车的第二个侧面转角就可原路返回。

④ 在犬搜索的过程中，牵引绳应为松弛状态，训导员只能适度控制犬，在确保犬逆时针搜索大方向的前提下，允许犬回头嗅认，避免突然拉拽犬。

（三）能力复杂化训练

1. 不同血液形态的训练

一般比赛、考核时布设的新鲜原血量都是 0.035mL，通常我们训练布设的量在 0.035～0.1mL 之间。除用新鲜人体血液训练外，在犬的基本搜索能力稳定后，从实战角度出发，还需进行稀释血、擦拭血、陈旧血，以及腐败血、经过高温处理的血（如带血衣物等未充分燃烧的残留物）的训练。训练方法同能力提升阶段训练，但目标血液的转换要循序渐进，自然过渡，如刚开始训练稀释血时，血液浓度可逐步降低，陈旧血的存放时间可从几个小时到几天再到几周慢慢过渡。在正常开展上述形态血搜索之前，可利用鉴别罐等相对简单的形式，建立犬对上述不同形式血液气味的联系。

2. 抗干扰血训练

在血迹搜索实战使用中，未经针对性训练，现场中的动物血迹及女性月经血都会对犬产生干扰。犬示警后，现场很难快速判定是否为人体血迹或女性月经血，这会对案件侦查带来巨大干扰。因此，要进行专门训练，确保犬不会对人体血液之外的动物血液及女性月经血气味错误示警。训练过程中要把握先易后难的原则，在犬基础搜索能力稳定后，先后将鱼类、禽类、哺乳类动物血作为干扰血进行训练，最后用女性月经血作为干扰血进行训练。训练可在正常的搜索形式中进行，每次只用一种干扰血，但环境、布设的人体血迹等条件要尽可能简单，也可用鉴别罐以鉴别形式开展训练。通过对比强化，使犬明确哪些气味是目标气味，哪些为干扰气味，只有对目标气味示警才能得到训导员的奖励。以鉴别形式训练为例，选择一处清静的室内场地，准备 6～8 个无气味污染的鉴别罐，分别用纱布沾染目标血及干扰血，将鉴别罐间隔 40cm 排成一列，将目标血放入第 6～8 个罐中的一个，在第 2～5 个罐中放入两个干扰血，准备就绪后，训导员带犬从第一个鉴别罐开始嗅认搜索，犬如果对干扰血反应示警，不奖励不刺激，带犬继续搜索，对目标血迹反应后充分奖励犬，更换目标及干扰血位置后再次带犬搜索，直至犬只对目标血迹反应。

3. 未知条件搜索训练

先进行半未知条件的训练。半未知条件主要是指训导员只知道搜索范围内目标血迹布设的大致区域、血迹的形态，不知目标血迹的具体位置。训练开始前，布设训练条件的助训员要与训导员充分沟通，告知本次训练犬应搜索的范围、目标血迹的形态和大致区域，明确奖励犬的方式及配合分工。在训练中，训导员要从搜索起点开始，按搜索顺序指挥犬嗅认搜索范围内每一处可能布设目标血迹的位置，将告知的目标血迹布设的大致区域作为搜索重点，指挥犬仔细嗅认，如犬不能顺利发现目标，助训员可逐步告知训导员目标血迹所在位置的范围，保证犬的训练积极性不受大的影响，并顺利完成训练。犬示警后，训导员不能急于奖励犬，要按照训前计划，根据助训员第一时间的反馈确定犬反应是否正确，如正确要及时充分对犬进行奖励，如示警错误要带犬继续搜索，直至犬正确示警。

在半未知条件训练中，训导员能通过犬的作业表情，更加准确地判断犬的作业状态，犬在多数情况下能顺利完成训练后，再过渡到全未知条件的训练，方法参照半未知条件训练。助训员布设好目标血迹后，只告诉训导员训练时应搜索的范围和目标血迹的数量。训练过程中，助训员要根据犬的作业状态，在犬发现目标血迹不顺利的情况下，防止犬搜索的积极性、自信心受到影响，要逐步透露目标血迹布设区域、血迹形态、是否有干扰血迹等信息，协助训导员顺利指挥犬完成训练。

4. 无意识搜索训练

本训练主要是强化犬无论何时何地都能发现目标血迹并果断示警的能力。如果不进行专门的训练，犬可能会出现只在特定模式和情形下对目标血迹示警的情况。做好训练设计，选择一处位置提前布设好目标血迹，气味尽可能大些。准备就绪，不对犬进行逗引，也不佯装藏物，不下达口令和手势，不给予犬任何搜索的信号，带犬在目标血迹附近活动，让犬在自由状态及非固定训练模式下，“意外”感知目标血迹气味，当犬感受到目标血迹气味犹豫或准备离开时，训导员要及时用“好”的口令，肯定犬发现目标气味的行为，犬示警后，及时进行充分奖励。

5. 多目标搜索训练

长时间进行一个目标气味的搜索，容易导致犬在作业过程中产生只要示警便是搜索结束的错误联系。多目标搜索训练可提升犬连续作业的能力，提高犬的作业耐力。训练前，犬应具备较好的训练基础，如较好的搜索耐力、兴奋的目标气味联系、果断的示警能力等。在犬能顺利完成一个目标血迹的训练后，逐步将目标血迹增加至 2～3 处，当犬搜索到第一个目标血迹并示警时，下达“好”的口令，不要给予犬食物或物品奖励，可轻轻对犬抚拍后，指挥犬继续搜索，在最后一处目标血迹示警后用物品或食物进行充分奖励。

6. 否定式搜索训练

否定式搜索训练即在设定的范围内没有目标血迹的搜索训练，通过本训练防止犬在特定的训练模式中产生只要开始作业便能在一定时间内发现目标血迹的联系，进而避免因此产生错误示警的情况。选择好训练场地，确保犬搜索范围内没有人体血液气味遗留，训导员带犬至预定的搜索起点，按照日常训练的程序和模式指挥犬搜索，根据犬的搜索状态，对设定的范围进行一遍或多遍搜索后，犬未示警，带犬离开场地进行奖励。需要特别注意的是，要把握否定式搜索的训练量，次数不能过多，并与有目标血迹的训练穿插结合。通过训练，强化犬将人体血液气味作为示警反应的唯一信号，增强犬的搜索耐力和细致度，杜绝犬在长时间搜索作业后随意示警的情况。

四、常见问题及解决办法

（一）搜索不专注，易受外界环境干扰

主要原因：犬未开展专门的抗干扰训练、犬搜索积极性不高、管理不严格或者过早开展自由式搜索训练。

解决办法：一是在带犬到较复杂环境开展训练前，应在相对清静封闭且可控的环境下进行专门训练，在犬搜索过程中，人为制造各种干扰（出现声响、物品、陌生人、小动物等），通过正负强化等手段培养犬的作业注意力；二是要围绕提高犬的搜索欲望，做好训前准备、过程引导及奖励强化工作；三是加强日常及训练管理，训练前充分散放犬，训练初期以牵引式搜索为主，出现问题及时制止和纠正。

（二）搜索不细致

主要原因：犬兴奋性过高以致搜索速度过快、搜索条件（场地、血迹位置、血迹形态）固化或受到外抑制影响。

解决办法：一是训练前对犬的神经活动进行调整，保持适中的兴奋性；二是经常性改变搜索条件、搜索场地等；三是密切关注犬的身体健康情况，加强犬的抗干扰训练，提高环境的适应性。

（三）犬分化哺乳动物血液及女性月经血困难

主要原因：犬训练基础不够扎实，在犬对正常人体血液未建立兴奋反射的前提下就急于进行干扰血的训练，或在进行干扰血训练时条件设置不科学。

解决办法：一是在犬对目标血液气味建立了牢固且兴奋的条件反射后再进行哺乳动物血液及女性月经血的分化训练；二是开展抗干扰血训练应遵循循序渐进的原则；三是在进行抗干扰血训练时将其他训练条件难度降低，使犬能专注于分化目标血液与干扰血。

（四）易出现错误示警

主要原因：犬在搜索作业过程中没有真正建立目标血液气味是示警行为唯一信号的条件反射。

解决办法：一是培养犬对目标气味建立联系时，要防止其他无关气味影响，确保联系准确；二是要防止并纠正犬对血液载体示警的错误联系；三是要始终注重犬自主示警能力的培养，避免犬在作业过程中因训导员给予的压力过大而示警；四是要全过程加强犬搜索作业欲望的培养，防止犬因作业动力下降而通过示警达到结束训练的目的。

第六节　太仓犬追踪能力训练

警犬追踪是指犬依据训导员付与的嗅源气味，在地面或空气中寻找与嗅源相同气味的迹线，并沿这一迹线追获相同气味的人或物品的过程。追踪训练就是培养犬追踪能力的过程。太仓犬嗅觉灵敏、小巧灵活、善于奔跑，能快速捕捉空气中的目标气味。本节将针对太仓犬独有的特性，概述其追踪能力训练的方法。

一、目的与要求

培养太仓犬对“嗅嗅”“踪”的口令和手势建立条件反射。要求犬能按照训导员付与的嗅源气味，快速准确突破起点，在追踪过程中嗅认积极、追踪兴奋、把线稳定、分辨力强、体语明显、有相应速度，能够准确发现助训员并吠叫示警。

二、口令、手势和主要的非条件刺激

口令：“嗅嗅”“踪”。

手势：右手食指指向嗅源和迹线。

主要的非条件刺激：食物、衔取物品、抚拍等奖励，以及助训员的逗引和扯拉等机械刺激。

三、训练条件

追踪训练器具是进行追踪训练的必要条件，完备的训练器具能够确保追踪训练的顺利进行，并使犬的追踪能力更加稳定和完善。通常用于太仓犬追踪训练的器具有追踪绳、追踪胸背、脖圈、奖食、奖食盒、运动相机、定位器、闪

光器、头灯、纱布、鞋垫等。

四、训练步骤和方法

太仓犬追踪能力的培养分为追踪基础能力训练和追踪能力提高训练两个阶段。追踪基础能力训练是追踪能力提高训练的基础和前提，追踪能力提高训练是追踪基础能力训练的深化和完善。追踪基础能力训练和追踪能力提高训练所阐述的各项内容，在具体的训练过程中，可根据犬的不同情况和实际需要进行适当调整。

（一）追踪基础能力训练

太仓犬起初主要作为猎犬供猎户使用。研究发现，太仓犬食物反射强、动力强，因此，太仓犬追踪训练以食物动力培养为主，追踪环境为山林、草地，追踪目标为人，追踪迹线从他人遗留的迹线开始训练。

通过追踪基础能力训练，训导员能够熟练掌握太仓犬追踪训练的程序、方法以及犬基本的作业行为表情。要求太仓犬进行追踪作业时欲望强，嗅认积极，把线精准，能迅速找到隐藏的目标人员。

1. 嗅源嗅认训练

嗅源是警犬通过嗅觉识别的目标气味载体。嗅源嗅认能力是指犬根据训导员的指挥对目标载体气味进行感受、辨别的能力（图 5-81）。嗅源嗅认训练就是培养犬利用自身嗅觉分析器对气味进行分析辨别的过程。嗅源嗅认的能力将直接影响犬的追踪成效。如果追踪前犬没有充分感受嗅源气味并产生印记，那么追踪就没有了依据。因此，太仓犬追踪训练必须高度重视嗅源嗅认能力的培养。

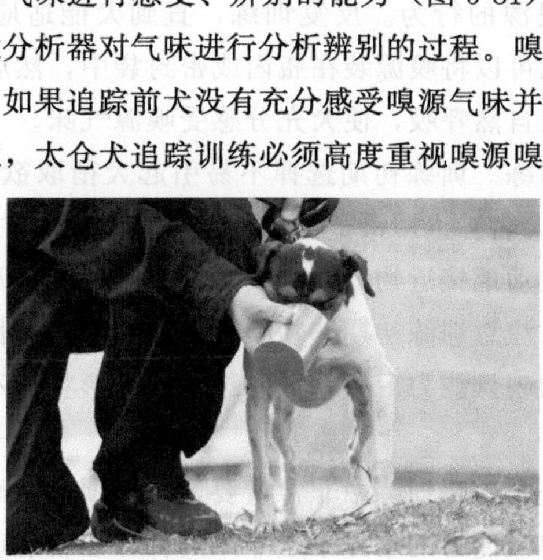

图 5-81　嗅源嗅认

嗅源嗅认训练是一个条件反射形成较慢的过程，需要训导员长期不懈地培养才能训练成功。

嗅认要求：犬能根据训导员的要求完成各种方式的嗅认，要求嗅认准确高效，做到指哪嗅哪、嗅认充分、指几次嗅几次。

（1）指嗅训练　训导员可利用犬的探求反射，带犬指嗅自然物品，如树枝、树叶、石块等。训导员应一边引导犬嗅闻物品，一边发出“嗅嗅”的口令，待犬根据指令做出嗅认行为时，下达口令“好”并给予食物奖励强化，反复多次，让犬对口令和手势形成条件反射。接下来，就可以培养犬嗅认人体气味的能力。训导员或助训员可选择清静的草地或林地，双脚在一处重踏或静站数十秒使人体气味附着于地面，然后跳开。训导员带犬到该处，左手牵犬控制在左腿边，右手食指指向踩踏的地面，并发出“嗅嗅”的口令，待犬积极细致地嗅认时，训导员给予“好”的口令及食物奖励。经过多次训练后，犬即可逐步形成指嗅的条件反射，做到指哪嗅哪，指几次嗅几次。

（2）握嘴嗅认训练　进行握嘴嗅认训练前，应让犬适应被握住嘴巴。太仓犬活泼好动，未被训练的犬不喜欢被握住嘴巴的感觉。因此，在平时的接触中，训导员要有意识地将手搭在犬的鼻腔上，让它以为这只是个正常的触碰动作。随着犬的适应，慢慢地将触碰变为握嘴式抚摸，并给予“好”的口令奖励，再到握住嘴巴短暂停留，循序渐进，直到能握住嘴巴 20s 以上犬不反抗即可。接下来，右手持镊子将嗅源物慢慢送至犬的鼻端，训练初期停留时间越短越好。若犬对嗅源做出衔取行为，应立即下“非”的口令并给犬嘴一定的刺激，令犬停止衔取嗅源的行为。反复训练，直到犬能适应握嘴嗅认嗅源不反抗，不乱衔嗅源。也可以将嗅源装在瓶内或密封袋中，然后将瓶口或密封袋套在犬的鼻腔上，让犬自然呼吸，使犬充分感受嗅源气味。

（3）持物嗅认训练　训练初期选择不易引起犬衔取欲望的物品（小石头、砖块等），一边呼唤犬名一边用镊子夹住物品靠近犬鼻，并下“嗅嗅”的口令。当犬能用鼻子积极主动地接近物品并认真细致地嗅认时，及时发出“好”的口令并给予食物奖励。注意训练初期持物嗅认的时间不宜过长，应慢慢增加嗅认时长。当犬具备持物嗅认能力后，就可以选择不同形状、不同材质的物品进行训练。

嗅源嗅认在太仓犬追踪训练中非常重要，是一项长期而细致的工作，贯穿于训练始终。嗅源嗅认能力的培养不是靠一两种方法就能训练成的，要针对不同犬只的实际情况，选择不同方法，多种方式穿插进行，互相补充，取长补短。同时，该训练需坚持不懈、持之以恒、稳步前进，并且训练中应细观察、勤发现、多分析、快纠正，切记不可急于求成、墨守成规。训练初期就应让犬熟悉镊子，但不能让犬对镊子产生过高的兴趣。同时，严禁用镊子来刺激犬，以免造成犬对镊子的恐惧心理。

（4）注意事项

① 指嗅地面足迹嗅源时，要经常改变犬体朝向，不要总是正对着迹线指嗅，以防犬形成向前冲线追踪的毛病。

② 握嘴嗅认时，当犬出现不适应立即松开。每次握嘴时间要短，可以在训练的初期单独培养，让犬逐渐习惯长时间被握住鼻子，不抵抗，安静平稳嗅闻。在训练过程中要保持耐心和细致，避免采用粗暴手段，以免使犬造成假嗅和产生抑制。训练中应逐渐从简单到复杂，以便犬只在不同环境中完成任务。

③ 罐内嗅认时，要及时捕捉犬鼻子伸进罐子的时机，并快速给予犬奖励。

2. 短距离追踪能力培养

（1）训练方法　主要分为以下三个阶段。

第一阶段：选择山林、草地环境（图 5-82），受训犬应处于饥饿或半饥饿状态，助训员先用食物对太仓犬进行引诱，并抚拍犬，同时让犬嗅认助训员的衣服、鞋子、手等，使犬充分感受助训员的气味，待犬注意力集中且高度兴奋后，助训员快速跑开，在离犬 10m 左右的位置利用植被躲藏，可利用自然转角进行训练。待助训员离开犬的视线范围藏好后，训导员及时发出“踪”的口令，引导犬搜寻助训员，同时，要间断性地发出“踪”和“好”的口令。待犬到达助训员身边时，助训员应及时兴奋地抚拍犬，并与犬进行游戏互动，同时用食物给予奖励。然后助训员再次跑开进行躲藏，重复上述步骤进行训练，每次训练可以追 3～5 次。经过若干次训练后，太仓犬就能形成按照迹线气味积极搜寻并发现助训员的能力。随着训练的深入，当犬能积极地循线追踪时，就可以逐步取消布线前的逗引动作，采取当着犬的面直接布线并延长迹线距离的方法进行训练，进而再逐渐改为隐蔽布线。

第二阶段：助训员可用随身穿戴的帽子、手套或擦拭汗液的手绢、纸巾等逗引犬，待犬注意力集中且高度兴奋后，助训员快速跑出 5m 左右并将逗引的物品放在地上作为嗅源（起点），然后继续跑出 20m 以外躲藏起来。待助训员躲藏好后，训导员带犬到嗅源处嗅认嗅源，然后发出“踪”的口令，引导犬向前搜寻迹线，寻找助训员。追踪途中，要间断性地发出“踪”和“好”的口

图 5-82　草地环境追踪训练

令，犬就能按照迹线准确地搜寻到助训员，待犬到达助训员身边时，助训员应及时兴奋地抚拍犬，并与犬进行游戏互动，同时用食物给予奖励。奖励结束后，助训员快速跑开，重复上述步骤进行训练，每次训练可以追踪 3～5 次。经过若干次训练后，太仓犬就能具备按照嗅源气味搜寻迹线并发现助训员的能力。随着训练的深入，当犬能积极地循线追踪时，就可以逐步取消布线前的逗引动作，采取当着犬的面直接布线并延长迹线距离的方法进行训练，进而再逐渐改为隐蔽布线。

第三阶段：训导员将犬拴系在牢固的物体上，助训员到犬看不到的地方进行布线，用随身穿戴的帽子、手套或擦拭汗液的手绢、纸巾等物品放在地上作为嗅源（起点），然后跑出 50m 以外躲藏起来。待助训员躲藏好后，训导员带犬游散，熟悉周围环境，然后给犬换上追踪胸背，带犬到嗅源处嗅认嗅源，发出“踪”的口令，引导犬向前搜寻迹线，寻找助训员。追踪途中，要间断地发出“踪”和“好”的口令，犬就能按照迹线准确地搜寻到助训员。待犬到达助训员身边时，助训员应立即兴奋地抚拍犬，并给予食物奖励，然后与犬愉快地玩耍。训练结束后要及时脱下追踪胸背。

（2）注意事项

① 要经常变换助训人员，以免犬对个别助训员气味产生特殊印记，影响犬的气味识别和气味分化能力。

② 训练绳的使用要灵活利落，可将多余部分平伸拖在训导员身后，要根据犬的前进速度及时收放，拉力适中。当遇有树根、枝条等障碍物时，应将追踪绳抬高或主动避开，以免缠住绳子影响犬的追踪状态。

③ 突破起点时对犬的控制应灵活自如，尽可能让犬自行辨别迹线方向并迅速追出。

3. 示警能力训练

太仓犬追踪到终点发现目标后示警的能力是整个追踪过程的一个重要环节，是实战使用中发现目标物向训导员传递信息的关键信号，是最能体现犬特殊作用的一种作业方式。太仓犬追踪发现目标的示警方式主要为“吠叫”。

（1）训练方法　太仓犬“吠叫”示警能力需要在犬具备“吠叫”能力的基础上完成。训导员将犬拴系在牢固的物体上，助训员到犬看不到的地方进行布线，用随身穿戴的帽子、手套或擦拭汗液的手绢、纸巾等物品放在地上作为迹线的嗅源（起点），然后跑出 50m 以外躲藏起来。待助训员躲藏好后，训导员带犬游散，熟悉周围环境，然后给犬换上追踪胸背，带犬到嗅源处嗅认嗅源，发出“踪”的口令，引导犬搜寻迹线，寻找助训员。追踪途中，要间断性地发出“踪”和“好”的口令，犬就能按照迹线准确地搜寻到助训员。待犬到达助训员身边时，助训员应立即兴奋地抚拍犬，用食物引诱犬并下达“吠叫”的口令及手势，待犬吠叫后，助训员应立即给予食物奖励，然后向后退几步，再次用食物引诱犬并下达“吠叫”的口令及手势，待犬吠叫后，助训员立即给予食物奖励，每次训练可令其重复吠叫 3～5 次。经过若干次训练后，太仓犬就能具备按照嗅源气味搜寻迹线及助训员，发现助训员后主动吠叫示警的能力。

（2）注意事项

①“吠叫”后奖励要及时、充分。

② 必要时可由训导员配合辅助犬吠叫。

4. 中长距离迹线追踪能力训练

中长距离迹线的追踪是衡量太仓犬追踪能力的一个重要标准。在太仓犬具备短距离追踪及“吠叫”示警能力后，即可进行中长距离迹线追踪能力的训练。

（1）训练方法　在短距离追踪训练的基础上，初始时迹线长度可在 200m 左右，以后随着太仓犬追踪能力的提高而逐步延长迹线的长度。为了使太仓犬尽快适应并保持追踪兴奋性，可采取先追一段 200m 的迹线，然后助训员再跑开，布设一条 100m 迹线的分段训练方法来提高犬的追踪耐力及追踪兴奋性。随着犬追踪能力的提高，可将迹线距离逐渐延长至 500m 左右，并取消分段布线，让犬一次性追至终点并获得奖励。当太仓犬具备500m的追踪能力时，应继续加长追踪迹线的距离，尽可能让犬迅速达到2000m的追踪能力，然后巩固一段时间。在追踪能力提高训练阶段，可逐渐加长迹线距离至5000m甚至更长，最终完善犬的长距离迹线追踪能力。

（2）注意事项

① 进行中长距离迹线的追踪训练，应从犬的体力和兴奋性的具体情况出发，正确利用地形地物及环境条件，熟练掌握天气情况对犬的影响，灵活掌握迹线距离的延伸幅度和长度。不宜采取持续直线上升的方式进行训练，要有升有降、长短结合。初期训练的提升幅度宜小不宜大，随着训练的深入、犬能力的提高，方可加大提升的幅度。

② 在进行中长距离迹线的追踪训练中，大幅度延伸迹线距离训练时，既要有成功的信心，也要做好失败的补救准备，切不可半途而废，挫伤犬的追踪积极性。在具体训练中，当遇到犬追踪脱线且不能自动接线或其他困难情况时，训导员要耐心引导，尽快帮助犬上线前进，不可任其盲目搜寻迹线，消耗体力和降低兴奋性。例如，发现犬在未追到终点前，体力和兴奋性已明显下降，不宜继续追踪时，应主动结束训练。采用的方法为避开犬的视线，在迹线附近让助训员隐藏，并引导犬发现后给予奖励，以此保持犬良好的作业心态和兴奋性。

5. 迹线角度追踪能力训练

对太仓犬进行迹线角度的专门训练，能够使太仓犬的追踪能力更好地贴近实战需求。迹线角度一般可分为钝角、直角、锐角三种。训练初期应从大角度即钝角迹线开始训练。

（1）训练方法　选一个平坦、清静的场地，先布设一段10～30m的直线，然后向左前方或右前方走10～30m的钝角直线，角度以大于135°小于180°为宜。为了使犬能够沿迹线气味顺利转弯，可在拐角处及后一段迹线中加浓气味。形成钝角迹线后，令犬追踪这一迹线。当犬追踪至钝角拐角附近时，训导员不要急于收紧追踪绳或拉犬转弯，应让犬自主作业，允许犬冲过角度顶端后再返回重追。当犬嗅到加浓气味的角度迹线后，一般会减速细嗅，接着再兴奋地向前追踪。如果犬脱离角度迹线过远，表现出急躁情绪并盲目寻找迹线时，训导员要停步等待，并将追踪绳控制在一定长度内，给犬适当的活动范围，并以口令指挥犬接线。当犬找到角度后段迹线时，训导员应马上用“好”的口令奖励犬，并继续令犬追踪前进，直至追寻到目标。通过反复训练，太仓犬就能形成追踪大角度迹线的能力。如果犬出现“走捷径”的现象，即犬还未追到有角度的地方就提前斜插到角度后的迹线上，不应将犬唤回重追。其他两种角度的训练方法基本相同。随着训练的深入，可逐渐减小角度，但在追踪锐角迹线训练时，要尽可能避免犬顺原迹线返回追踪。当犬能比较自如地分别追踪各种角度迹线时，即可在同一迹线上同时构成各种角度，对犬进行角度迹线综合性追踪训练。

（2）注意事项

① 训导员要记住角度所在的具体位置，防止人为地错误指挥和干涉，从而影响角度迹线追踪训练的效果。

② 既不要经常利用自然转弯地形构成角度，也不要总是朝一个方向转弯，以免犬的角度迹线追踪能力受到人为限制。

③ 不要刻意地要求犬精准按照角度迹线的轨迹追踪，太仓犬小巧灵活，奔跑速度快，善于捕捉空气中的气味，能按大致转角方向追踪即可。

6. 区别诱惑迹线追踪能力训练

（1）诱惑迹线　是指在追踪目标迹线上或附近穿插、覆盖他人气味的迹线。通过区别诱惑迹线追踪能力的训练，太仓犬能够更加细致地分析和辨别气味，准确地追踪目标迹线，不受诱惑迹线气味的干扰，顺利追至迹线终点。

诱惑迹线的布设方法主要有三种：

① 垂直交叉。先布设一条直线作为目标迹线，接着由另一助训员在目标迹线的中段布设一条诱惑迹线，使其与目标迹线垂直交叉。

② 平行交叉。在布设目标迹线的同时或稍后，由另一助训员布设一条前后两段与目标迹线平行而中间交叉的迹线，就构成了平行交叉诱惑迹线。

③ 集体交叉。在布设目标迹线的同时或稍后，由多名助训员分别从目标迹线的两侧各自布设一条交叉穿越目标迹线的诱惑迹线，使其形成集体交叉状态。

（2）训练方法　训练初期，选择清静环境，利用地面上自然遗留的少量陈旧诱惑迹线进行训练。当太仓犬能够顺利追踪时，依据上述布线方法进行专门训练。在训练中既可依次进行，也可选择进行。通过上述不同方法的多次训练之后，太仓犬就基本具备了区别诱惑迹线气味的追踪能力。训练中要注意观察太仓犬对诱惑迹线的反应特点。每当太仓犬追踪至有诱惑迹线的地方时，不要急于约束它，应充分给犬自主辨别的机会。太仓犬若能经过嗅辨不受诱惑气味干扰而顺利追踪，就及时以“好”的口令进行奖励。犬若长时间区别不开而表现犹豫，可让犬稍加休息，重新付与嗅源后再令犬继续追踪。对兴奋性过高而分辨气味不细致的太仓犬，可适当使用“非”的口令并给予拉扯刺激，以抑制其对诱惑迹线的兴奋反应，但当犬消除诱惑而正确追踪时，应充分加以奖励。

(3) 注意事项

① 诱惑迹线的布设应本着由简入繁、由少到多的原则，迹线气味也要由陈旧到新鲜。

② 在布设迹线之前，训导员与助训员应有很好的计划，训导员必须记清诱惑迹线的交叉地点，以便及时掌握犬的追踪状况，准确掌握犬在诱惑迹线与目标迹线交叉处的追踪表情。

③ 提高犬对目标迹线气味的追踪兴奋性，是其免受诱惑的重要条件。太仓犬对目标迹线气味的兴奋性越集中，对诱惑迹线气味的分化抑制能力就越强。因此，要对犬的正确追踪行为不断予以强化，而对其受诱惑的追踪行为及时纠正。对于辨别气味比较困难的犬，一定要循序渐进，不可急于求成。

④ 参加布设诱惑迹线的助训员，最好由犬不熟悉的人员担任并经常更换。

⑤ 各种诱惑迹线的形式，仅是为便于训练提出的，并不是固定不变的，因此可以参照这些形式灵活布设迹线。特别是在缺少助训员的条件下，利用行人通过的自然诱惑迹线进行训练，同样能得到良好的效果。此外，各种形式的诱惑迹线都不宜连续训练，训练次数也不应过多。

（二）追踪能力提高训练

训导员必须熟练掌握本阶段的各项追踪训练内容和训练程序，运用各种训练方法独立解决训练中遇到的各种问题，准确掌握太仓犬在不同条件下的追踪作业体语，正确引导犬进行追踪作业，充分发挥和挖掘犬的追踪本能，培养犬较为完善的追踪作业能力，从而适应各种实战场景的需求。

1. 搜索迹线能力训练

搜索迹线能力，是指犬获得嗅源气味依据之后通过搜索相应区域发现气味迹线的能力（图 5-83）。

(1) 训练方法　训练初期，起点应加重气味，并在迹线的前几米多留几个加浓的气味点。训练时，训导员带犬到距离迹线起点 3～5m 的地方令犬坐下，然后指挥犬进行持物嗅认。当犬仔细嗅认以后，训导员指挥并诱导犬嗅寻迹

图 5-83　寻找气味迹线

线。当犬嗅到迹线开始追踪时，立即以“好”的口令进行奖励，以促使其沿迹线追踪前进，直至终点。随着能力的提高，可逐步增加嗅认嗅源处与起点的距离至 15～30m。经过多次训练后，犬能搜索 15～30m 以外的迹线并稳步上线时，可逐步过渡到不特意设置起点，训练环境逐步过渡到复杂环境，以提高犬的实战能力。

（2）注意事项

① 使用的嗅源物品开始最好是脚步气味，这样比较接近于迹线气味，容易使犬建立联系。以后随着能力的提高，再经常更换物品，以提高犬的适应性。犬独立发现迹线，不一定必须发现迹线起点，只要是真正联系上迹线气味，就应视为正确。

② 布设迹线时，在前半段可多留几个加浓气味的点，以便于犬发现气味，也便于训导员观察掌握，但不可一成不变，要随着训练的深入逐渐减少或取消。

③ 在复杂街道人员车辆多的地区训练时，由于诱惑迹线多，训导员一定要仔细观察犬的作业表情，犬一旦上了诱惑迹线，要立即中断，并迅速重新寻找和追踪目标迹线。

2. 迹线中断续接能力训练

在追踪实际使用中，由于自然因素和人为因素的影响，迹线气味极易遭到破坏而使犬追踪中断，在犬追到迹线中断处时，其追踪兴奋性必然受到影响。为了减弱和消除这种不良影响，提高太仓犬的追踪实战能力，必须对太仓犬进行专门的迹线中断续接能力训练。

（1）训练方法　选择清静的山林、草地，助训员首先布设一条200m的迹线，中途设置一处自然条件下的水沟等中断迹线。训导员指挥犬嗅认嗅源后，令犬进行追踪，当犬追踪至迹线中断处出现徘徊不前时，训导员应引导犬在中断处周围进行嗅寻，使犬继续追踪，同时仔细观察犬的表情，一旦犬上线，及时给予“好”的口令奖励。如犬不能自行接线，则应重新付与嗅源，指引其上线继续追踪，以免降低其兴奋性。经过反复训练，直到犬能在中断处自行接线为止。随着犬能力的提高，可逐步增加迹线中断处的数量，稳步提高犬在中断处自行接线的能力。

（2）注意事项

① 在迹线中断处，训导员要先让犬自己搜寻，待犬不能发现迹线气味时，再付与犬嗅源。因为犬刚追至此处，对迹线气味仍有痕迹记忆。当犬对气味记忆逐渐减退时，再给予嗅源气味以恢复犬对迹线气味的记忆。

② 根据迹线中断处的布设难度和犬的嗅认兴奋性来确定重新付与嗅源的次数。迹线中断处的布设难度大体包括区域大小、中断距离长短、地面干净程度和地形复杂程度等内容。

③ 迹线中断续接能力的训练要穿插进行，以免破坏犬的追踪基础。初期训练，一条迹线的中断数以1～2处为宜。后期训练也不宜过多，一般不超过5处。

④ 中断迹线训练的中断距离要长短结合，不可固定不变。

3. “未知”迹线追踪能力训练

“未知”迹线，是指训导员在不知道迹线的布设情况下带犬进行追踪的迹线。进行“未知”迹线追踪能力训练，犬必须具备“独立”完成追踪作业的能力，即犬能在不受人为指引、诱导的情况下独自找到目标。训导员首先要通过“已知”迹线的追踪训练，熟练掌握犬的各种体语特点以及变化规律，如起点突破、上线、脱线、转弯、上诱惑迹线及发现目标时的行为特点。然后在“未知”迹线追踪训练时，根据“已知”迹线追踪时总结的体语特点及规律进行判断分析，从而不断提高训导员的指挥水平和心理素质，逐渐满足实战需求。

由于训导员不清楚迹线布设的具体情况，就有可能因指挥不当而影响犬的正常追踪。因此，这种能力的训练主要目的在于培养训导员观察判断犬的追踪状态和正确引导犬进行追踪的综合能力。

（1）训练方法

①“半未知”迹线的追踪训练：训练太仓犬“未知”迹线追踪能力前，可先进行 500m“半未知”迹线的追踪训练，即训导员知道迹线的起点、终点以及迹线大致方位等。追踪时，让犬自行突破起点，然后进行作业。训导员在整个追踪过程中不得有意识干扰犬作业，需时刻结合犬在“已知”迹线的行为表现进行分析判断犬是否脱线掉线。若犬出现脱线掉线行为，应及时带犬到最有把握的迹线段重新付与嗅源，让犬搜索迹线进行续踪。若训导员带犬 10 次有 8 次能追寻到目标，则可进行“未知”迹线追踪训练。若犬多次长时间追寻无果，则需重新进行“已知”迹线追踪训练。待犬能力稳固提升后，再进行“半未知”迹线训练。

②“未知”迹线的追踪训练：进行太仓犬“未知”迹线追踪训练时，可先布设一条 500m 长的“未知”迹线。即训导员不知道迹线方位、长度及终点等，只在起点提供一个“嗅源”。训导员带犬追踪时，让犬自行突破起点，然后进行作业。训导员在整个追踪过程中需完全根据犬作业时的体语进行辨别。若犬出现脱线掉线行为，应及时带犬到最有把握的迹线段重新付与嗅源，让犬搜索迹线进行续踪。若训导员带犬 10 次有 8 次能追寻到目标，则犬具备了“未知”迹线的追踪能力。若犬多次长时间追寻无果，则需重新进行“半已知”或“已知”迹线追踪训练。待犬能力稳固提升后，再进行“未知”迹线训练。

（2）注意事项

① 在进行“未知”迹线追踪训练时，训导员的判断和指挥必须以犬追踪的反应为依据，而且要相信犬的能力，切不可主观臆断、随意干涉和盲目指挥。

② 训导员要集中精力观察犬的追踪表现和迹线反应，不能自己低头到处找足迹或看助训员的表情和行动。

4. 延时迹线追踪能力训练

延时迹线是指迹线布设完毕后随着时间的推移而形成的迹线。延时迹线追踪能力是太仓犬整体追踪能力的一个重要组成部分，其训练必须在太仓犬已经具备较好的追踪意识和一定追踪耐力的基础上进行。衡量犬延时迹线追踪能力高低的标准主要有三个方面，即迹线距离、延迟时间和气候环境条件。

延时迹线追踪能力训练，主要是巩固和提高太仓犬的追踪作业能力，并使其追踪能力得到进一步提高和完善，也使训导员对太仓犬的追踪作业表情有更加深入的认识和全面的了解。

（1）训练方法　选择清静的山林、草地，布设一条500m的迹线。延时20分钟后指挥太仓犬追踪这一迹线。训练时，训导员带犬到起点附近，指挥犬嗅认嗅源，如果犬能迅速进入作业状态，可让犬自主寻找迹线，待犬上线追踪时，训导员应及时用“好”的口令奖励犬，直至犬找到目标。随着能力的提高可逐步增加延时的时间至30min、1h、2h、3h、6h、8h等。若延时超过1小时，助训员到达终点后可离开，待追踪开始前再到达终点隐藏。随着训练的开展，迹线距离应逐渐加长，迹线延时的时间也应逐渐加长，以求犬的延时迹线追踪能力达到较高水平。

（2）注意事项

① 为了使犬更快地适应延时迹线气味并顺利追踪，可采用复线或多重复线方式布设迹线，初期延长时间和距离应单项进行，待犬有一定基础后再进行组合训练。

② 在较长距离迹线和较大幅度延时训练中，训导员要熟知迹线的布设线路，必要时给予犬一定的辅助。

③ 在高难度延时训练中，训导员要善于总结经验，及时调整训练内容和训练手法，不要对犬求全责备。

5. 脱绳追踪能力训练

脱绳追踪，是指训导员在令犬追踪时不用训练绳控制而让其处于自由作业状态的一种追踪方式。脱绳追踪能力训练是在犬具有较高的追踪兴奋性、上线较快、把线较稳、速度适中以及训导员对犬的追踪表情有一定程度的掌握等基础上进行的。在荆棘丛林的复杂环境中，犬的脱绳追踪能力显得尤为重要。

（1）训练方法　在清静山林、草地环境中，布设一条200m的迹线。训导员指挥太仓犬进行嗅源嗅认，犬追出10m左右上线时，将追踪绳松开，让犬进行拖绳追踪，训导员紧随其后，并不断发出“好”“踪”和“嗅嗅”的口令，使犬保持良好的作业状态直至终点。如果犬不能很好地作业，则应采取拖绳和控绳相结合的方法进行过渡，即在犬追得不好的时候及时控制追踪绳，追得好的时候让追踪绳拖地。经过多次结合训练后，即可取消拖绳而让犬直接进行脱绳追踪作业。脱绳追踪时，需给犬戴上定位器，以便及时掌握犬的方位并进行指挥训练。

（2）注意事项

① 正确掌握牵绳、拖绳和脱绳追踪三者之间的相互关系，科学进行三者之间的相互衔接训练。追踪在一般情况下要牵绳，以便对犬进行掌握。但是牵绳不等于用绳指挥，也不应使犬对牵绳的松紧形成条件反射，否则会起反作用。有经验的训导员往往能够凭借训练绳的动感来判定犬的追踪是否正常，这叫“以绳问犬”。牵绳追踪在有障碍物的地形条件下，如遇有树丛、高草、高秆农作物等地段，绳子往往容易被缠绕而阻碍犬顺利追踪，有时也可能因训导员跟不上犬的奔跑速度，牵引过紧而挫伤犬的积极性，因此要使犬适应脱绳追踪。

② 为防止脱绳后犬出现追速过快、嗅寻不仔细或乱追乱跑脱线过多等现象，可先通过拖绳追踪过渡，以便在犬追速过快时及时牵绳纠正，并可结合“慢”的口令进行训练。当犬慢下来时要及时奖励。当犬对拖绳追踪表现正常后，再逐渐改为脱绳追踪。

③ 在犬习惯脱绳追踪后，不能完全取消牵绳和拖绳追踪，而要穿插进行训练，使犬保持正常的追踪基础和追踪能力。

④ 正确掌握脱绳追踪训练中所布迹线的难易程度。无论是迹线距离、延时情况还是角度等条件因素的选择，都必须先易后难，难易结合，其上升幅度一定要以犬的现有基础和接受能力来确定。

参考文献

[1] 孟品佳．毒品化学［M］．北京：中国人民公安大学出版社，2009：7．

[2] 唐树生，张志，陈超．缉毒犬训练与使用操作规范［M］．北京：中国人民公安大学出版社，2013：150．